为什么洗澡时唱歌声音更好听

40个怪诞有趣的物理学问题

【荷】乔·赫尔曼斯（Jo Hermans）◆著
【法】威布克·德伦克哈恩（Wiebke Drenckhan）◆图
朱方　刘舒◆译

上海科技教育出版社

图书在版编目(CIP)数据

为什么洗澡时唱歌声音更好听:40个怪诞有趣的物理学问题/(荷)赫尔曼斯(Hermans, J.)著;(法)德伦克哈恩(Drenckhan, W.)插图;朱方,刘舒译.—上海:上海科技教育出版社,2015.8(2022.6重印)

(让你大吃一惊的科学)
书名原文:Physics in daily life
ISBN 978-7-5428-6293-8

Ⅰ.①为⋯ Ⅱ.①赫⋯②德⋯③朱⋯ Ⅲ.①物理学—普及读物 Ⅳ.①O4-49

中国版本图书馆CIP数据核字(2015)第172087号

本书由阿诺德·沃尔芬戴尔爵士作序

目录

序

　　欧洲物理学的历史犹如一部辉煌的巨著,至今依然星光闪耀。在当前欧洲面临经济困境的情况下,其光彩却更加耀眼。欧洲物理学会是欧洲各个国家物理学会的综合体,在向会员提供建议和举办论坛方面占有重要地位。

　　学会自办的期刊《欧洲物理快讯》是让人眼前一亮的小型出版物,刊登了大量妙趣横生的关于专业会议、国家级学会、欧洲各国期刊的亮点文章和特别报道。除此之外,在过去十年间,刊物增设了一页标题为"身边的物理学"的专栏。本书正是这些专栏的合辑,以绝妙的卡通插画配合讨论话题,是一道集合了博学与幽默的大餐。

　　在我们这些深入天体物理学、凝聚态、核物理学或任何物理学领域的研究人员看来,"身边的物理学"与我们各自研究的那些深奥而微妙的学问相比如同儿童游戏。当然,如果我们连平行宇宙、超导体行为或奇异原子核的奥秘都能理解,那么公园湖中鸭子身后留下的 V 形尾波问题简直就是小菜一碟。然而,在向你的子女/孙辈/女性或男性朋友们解释这个现象之前,最好先读一读本书中《勇敢的鸭子》一文,相当引人入胜。

　　同样,尽管天体物理学家非常熟悉近期在太阳风顶外的星际介质中发现的气泡现象以及将太阳系浸泡其中的本地泡,但在圣诞节的儿童 party 上以权威的身份对孩子们解释这一现象时最好先读一读《气泡和气球》一文。

　　天才物理学家法拉第的发现催生了电力工业,促进了许多其他成就的发现。他曾经就蜡烛火焰中的物理学和化学问题发表过一个小时的演讲。他那时大概已经了解《神奇的烛火》一文中的观点,而我却不懂。从今以后,我在餐桌上对蜡烛火焰的描述将会让我的客人们羡慕——哪怕他们当中坐着物理学家和化学家(除非他们碰巧是欧洲物理学会会员)。

　　再看看远洋活动吧。我们当中许多人花费 SKI(spending the kids'

inheritance，意为"不给孩子留遗产"）经费来进行充满异国风情的邮轮旅行。当太阳沉到地平线下的那一刻，我们能目睹难得一见的日光中的"绿光"。我们会身着燕尾服，与刚刚结识的新朋友们一起倚靠在船栏上，懒懒地解释在太阳缓缓消失时我们曾经看到的现象（这个现象偶尔才会出现）。但要注意，你做出的解释不一定十分正确——《夕阳趣事》一文会告诉你真相。因为人们对海水为什么有时会呈现蓝色这件事的解释都可能存在谬误！最好储备一些关于水在 400—700 纳米吸收曲线的知识，在需要的时候淡定地讲出来。

现在来说说出租车司机。他们当中的许多人是免费传播的信息源，而且总是坚持自己的观点。为了早他们一步抢占谈资，聪明的你最好能读一读本书的概要，提出像《为什么洗澡时唱歌声音更好听》这样的优秀话题，讨论一下我们为什么都喜爱在洗澡时唱歌。司机在听你解释无论帘子拉开还是收起，其吸收声音的性质不变时，一定会被深深吸引住。这没准会启发司机谈及自己在深夜旅途中的有趣见闻。

那么，这是怎样的一本书呢？满分 10 分的话，我至少给它打 10 分，并推荐给所有对自然界和对那些看起来简单——但实际并不简单的现象的解释感兴趣的读者们。不仅如此，再买一本送给亲友吧。

阿诺德·沃尔芬戴尔（Arnold Wolfendale）
英国皇家学会会员、欧洲物理学会前主席、
英国杜伦大学物理学名誉教授

第一部分

赖以生存的能量

人体发动机

我们通常不会这样想——我们每个人都是一台发动机，依靠可持续的能源运转着。它与普通发动机不同的地方不仅仅是燃料，人体这个发动机不能被关闭——即使不需要它工作，它也要保持空转。这是保持

系统不坏的需要，比如维持心脏泵血，保持体温在 37℃ 上下。因为这也是我们人类发动机的另一个不同之处——在一个很小的温度范围内工作。

从量上来看，这件事是很有趣的。我们日常食物的能量为 8—10 兆焦（MJ）。顺便说一句，这相当于四分之一升汽油产生的热量，勉强够我们的汽车在高速公路上行驶约 2 分钟。每天 8—10 兆焦只约合 100 瓦（W）功率的灯泡持续工作一天所消耗的能量。维持我们的心脏跳动只需要其中很小的一部分能量，用 $p\Delta V$ 可以很容易地估计出来，其中 p 约为 10 千帕（kPa），ΔV 约为 0.1 升，相应的心脏跳动频率约为 1 赫兹（Hz）。

最后，那 100 瓦作为热量通过辐射、传导和蒸发的方式被释放了。正常条件下，在办公室 20℃ 的室温下，我们穿着平常的衣服坐在书桌前，辐射和传导是主要的交换方式，而蒸发仅仅起到很小的一点作用。但是当我们开始对外做功，比如在家庭健身器上锻炼时，能量消耗上升，产生的热量也增加。简单来说，能量消耗总量 $P_\text{总}$ 与对外做的功 $P_\text{功}$ 的相对关系如图 1.1 所示，这里已经假定效率为 25%。因此，如果我们的身体工作需要的功率为 100 瓦，那么增加的总功率就为 400 瓦，其中热量部分 $P_\text{热}$ 是 300 瓦。

这时我们的身体必须保持温度恒定。这可不是小事,如果我们没有改变穿着或者打开风扇使皮肤附近的温度梯度变大,辐射和传导的方式就起不到多少作用。它们的作用一方面由我们皮肤和衣物之间的温度差异决定,另一方面由环境温度决定。当我们卖力工作时,这个差异只是稍微增加了一点。就算血液循环增强使得我们的皮肤温度更接近体内温度,但达到37℃时就是极限了。

幸运的是,还有蒸发的方式。流汗,当然还有喝水也可以来解救我们!如果通过蒸发来补偿,释放的热量每增加 100 瓦,就需要每小时喝一杯水(精确讲是 0.15 升),如图 1.1 所示。

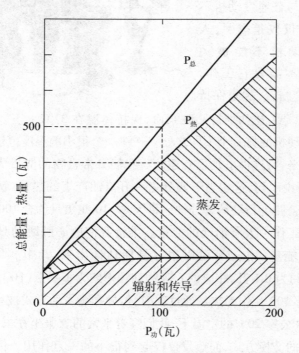

图 1.1　总能量、产生的热量、释放的热量与对外做功的关系示意图

于是我们得出结论:大负荷的运动需要蒸发水分。假如游泳池中的水被加热到37℃,你就不要指望在池中能游出 1 千米的世界纪录。你可能连领奖仪式都活不到,因为热量不知道往哪里释放?

最快的换气方式

　　无论是在家还是在办公室,当温度在20℃、湿度在50%左右时,我们会感觉很舒适。这里有一些有趣的物理学现象,尤其是在冬季,当我们不得不加热外部的空气,而且几乎不可避免地要增加湿度时。湿度是水蒸气压力陡度的一个微不足道的后果。

　　在0℃和20℃时,大气压强分别是6和23毫巴(mb)①,几乎相差4倍。因此,当外面结冰时,外部空气湿度不可能超过室内空气湿度的25%,因为进入室内的空气中的水量通过加热是不会变化的,除非我们往房间里加水。这就是空调行业经常在我们的实验室和办公室里所做的。

　　加湿我们家里的空气到底有多难? 当然,在静止状态下,这取决于通风情况。我们根据经验法则做一个简易快速的计算,对于包括水在内的单一液体,在假定标准温度和压力相等的条件下,液体的密度是蒸汽的1000倍。因此,在1巴的压强下,1升水可以形成大约1立方米的蒸汽(精确地讲,在标准状况下该数值为1.244立方米)。对于体积为100立方米的房间,在前面提到的20℃和23毫巴的条件下,我们发现,为单一体积的空气增加50%湿度需要消耗1升水。如果每小时均要更换空气,你会发现,只

----

　　① 巴是压强的单位,1毫巴为1巴的千分之一,等于0.76毫米汞柱高的压力。1毫巴=100帕(Pa)——译者注

有做好准备每天向房间中倾注大量的水,加湿才是有效的,否则我们就得减少通风。

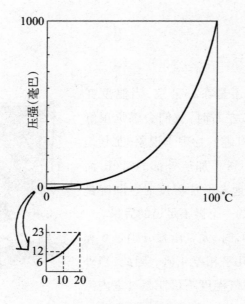

图 1.2　水蒸气压力曲线

　　然而通风是必须的,如果我们不希望健康出问题的话。在这种情况下,一个有趣的物理学现象出现了。假设我们在客厅迅速通风换气,让外面的冷空气进入,同时关闭暖气。等室内达到新的热平衡之后,房间的温度会大幅降低吗? 答案是:变化非常小,原因是显而易见的。这当然和热容量有关。但是房间里有木制家具、砖墙、玻璃、金属等,似乎让我们难以做出准确估计。然而,如果我们只在意得到一个近似值,就可以用一个简单的方法。如果热容是以单位体积而不是以单位质量来衡量,对于大多数固体和液体来说,它们的热容量大致都是一样的(大约2—3兆焦·开$^{-1}$·立方米$^{-3}$)。原因很简单。我们知道,原子的质量虽然差异巨大,但它们在"尺寸"上并没有太多差别:固体中的原子序数密度是大致相等的。此外,每个原子对比热容的贡献大致相同(大约为 $3k$,k 为玻耳兹曼常量)。当然,计算气体的比热容时,我们必须要把上述 1000 倍密度差的因素考虑在内。

结论:当估计热容时,1 升液体或者固体,与 1 立方米气体在同样的环境温度和压力下是其值都差不多。

利用经验法则的计算就到这里,现在我们可以回到刚才的房间。很明显,房间内"固体"物质的体积远大于空气体积的千分之一,即便我们老老实实只计算一半的墙壁厚度。这表明,房间的温度实际上几乎不会被一阵外来的新鲜空气所影响。这项简单的运算练习也表明,打开冰箱一秒钟左右所流进冰箱的热能与放进一个西红柿差不多。

在桑拿中生存

真烫啊！

人类不能在90℃的环境下生存，但这是桑拿房的平均温度。我们是如何应对如此残酷条件的呢？

首先，我们要垫好毛巾再坐下，或者坐在木头上。接触这个温度下的金属可一点都不好玩，甚至连玻璃门都很烫手，尽管它的导热系数远低于金属，温度也仅为60℃上下，介于桑拿房内外温度之间。第二，空气是干燥的，通过排汗可以加速降温。顺便提一下，干燥的空气是自然形成的：由于水蒸气压力曲线的陡度，即便外部的空气在20℃时湿度为100%，一旦被加热到90℃，湿度就下降至3%。如果外面结冰了，在没有水分加入的情况下，湿度甚至可能降低至1%。

如果不考虑出汗的因素，我们的身体升温的速度有多快？让我们做一个粗略的计算。首先，看一下传导条件。假设我们身体周围的有效空气层约为3毫米厚，身体表面积为1.7平方米，温度差异为50开，可以计算出传导功率值是700瓦。同样地，辐射值约为800瓦。因此，在正常环境中，传导和辐射大体是同等重要的。不同的是，在桑拿环境中它们的作用反转了。由于温度差较大，传导和辐射都增大了一个数量级，事实上，我们已经……嗯……适应了我们的衣着。所以，如果参照电加热器的功率值，我们身体总的热负载为1.5千瓦！

那么，我们的身体要多快才能热起来？如果把我们身体的热容量合理估算为 200 千焦/开,那么,加热率为每分钟 0.5 开——条件是将出汗忽略不计。

这样的加热方式肯定要导致灾难。所以,几分钟后身体就会开始出汗。幸运的是,在我们注意到自己的皮肤变湿润之前,排汗过程就已经开始了。假如仅仅通过出汗来平衡 1.5 千瓦的热负荷,需要每小时出汗 2.2 升。除非有强制的空气循环,否则我们的身体是无法蒸发排出如此大量的汗水的。

作为物理学家,我们肯定想做一个小实验。为什么不在炉子上放一些水,看看会发生什么情况呢?这样做会让我们感到更热,这是什么道理呢?根据经验猜测,我们至少可以列出四条明确的成因。第一,从炉子上冒出的 100℃的蒸汽比桑拿房的空气要更热一些。第二,它可以导致强制对流,这将使我们的身体变得更热,尤其在我们的皮肤干燥的情况下。第三,湿度上升,使得出汗变得更加困难。第四,水蒸气的热导率略高于干燥空气,这是由于水分子比氮气或氧气分子轻一些(因此热传导更快)。这些原因中哪一条占主导地位,有待我们下次蒸桑拿的时候再做研究(见《桑拿与排汗》一篇)。毕竟,我们有足够的时间来做一些计算和试验。

不过,桑拿不宜洗太久,别忘了留意时间……

黑色比白色更热吗

在阳光下,刷着深色油漆的大门会比白色的大门温度更高吗?外行人会说"当然",并指出深色表面比白色表面吸收太阳辐射的效果更好。另一个有些科学背景的外行人说"应该没区别",并补充说表面吸收好,释放一定也好。一位旁听到这段对话的物理学家微微点头,想起微观可逆性和细致平衡,但直觉告诉他,道理不是那么简单。具体情况究竟是怎样的呢?

让我们来做个试验。在一个阳光明媚、很少或根本没有风的日子里,我们发现一扇白色门的温度是43℃,一扇深绿色门的温度为66℃。差别很明显:毫无疑问,第一个外行人说对了。

显然,白色的漆能保持凉爽。门的表面在电磁频谱的可见光谱区吸收,但在红外光谱区发散。根据维恩定律,波长的差异大致有20倍之多,也就是太阳的表面温度和我们的环境温度300 K之间的比值。这意味着我们讨论的是0.5微米的入射光线与10微米的红外辐射两者之间的对比。

在这样一个范围里,光学特性可能急剧变化,事实上它们确实发生了这种变化。几乎所有常见的物体表面都属于10微米左右的"黑色"表面。如果查看它们在这些波长下的辐射值,我们会发现所有的值都接近1——常见的油漆,无论什么颜色,辐射值都在0.9附近或以上。甚至连水和玻璃都属于这一类物体,辐射率也远高于0.9。当然,金属是一个例外。如果它们是洁净而光亮的,就避免了多次反射,其辐射率约在0.05左右或以下。

但通常的油漆是不含金属的。因此,结论就是,两扇门之间的温度差异是由它们在可见光谱区不同的吸收率造成的。对于辐射,所有的涂料都与黑色相当,除了铝涂料,其辐射率低于0.3。

这里有一个可供我们在家庭供暖中采取的建议。所有的散热器都可以被看作是黑色的,哪怕是白色散热器:没有必要为此调整我们的室内装修风格,只要我们远离铝粉涂料或类似的材料即可。

关于细致平衡的争论是怎么回事呢? 显然,细致平衡确实在起作用,但我们必须考虑一种相同的波长。如果考虑到这一点,辐射和吸收系数就是相等的。例如,如果铜呈红色,它一定以吸收绿色光或蓝色光为主。所以,如果我们要让铜发出可见光——例如,将一些铜盐加入高温火焰中,细致平衡原则告诉我们,它应该会发出绿色光或蓝色光。事实上,它确实发出了这样的光。

乘客的油耗

根据经验法则,商用飞机每个座位每秒钟的燃料消耗为 10 毫升。这听起来可不少。想象一下,乘务人员打着拍子,整个机舱的乘客每秒钟吸上一口油。真有趣。但油耗量的确就是这么算的。

怪不得有人可能会想:速度如此之快,阻力必然也是巨大的。昔日要花上一个星期才能穿越大西洋的慢船与现今那些高速的飞机相比,一定会减少很多燃油浪费。

但是等一下,难道我们不该检视每千米的油耗而不是每秒的油耗吗?回到经验法则上来,如果每秒油耗为 10 毫升,那么每小时就是 36 升。在这一小时中,飞机飞行约 900 千米,也就是说飞机每飞行 100 千米需要 4 升油。现代高效飞行器的表现比经验法则得出的结果还要优异一些,能达到每个座位每百千米耗油 3 升。所以,两名乘客合起来每百千米耗油 6 升,与他们共同乘坐一辆能效合理的汽车的耗油程度是大体相当的。

那么慢船呢?令人惊讶的是,大型客船或邮轮的乘客人均消耗量约为每百千米 25 升。抛开它慢悠悠的速度不谈,船上乘客人均每千米的油耗比飞机要大得多。为什么呢?只要有一点点物理学知识就可以说明。当然,阻力不仅取决于速度,还取决于流体的密度。水和空气在密度上的差距是 3 个数量级。比之更甚的是,商用飞机在 10 千米的高度巡航,由于空气密度大致为 exp(−h / 8 千米),因此它们是在大约 1/4 个标准密度值的空气中飞行。

但也许邮轮与飞机最大的区别是在于有效载荷。在邮轮上,乘客和行李的质量通常只相当于总质量的千分之几。当然,其原因是一艘邮轮就好似一个浮动的村庄,有商店、餐馆、游泳池等设施。即便是巨大的现代客轮玛丽王后2号,总重量达到15万吨,却只能搭载2600名乘客。而相比之下大型客机,乘客的总重量远高于飞机总重量的10%。

因此,从能源和环保的利益角度考虑,我们旅行得太多了。燃油太便宜,因此我们飞行得太频繁。但如果我们不得不出行的话,坐船横渡大西洋将是更糟糕的选择。

桑拿与排汗

在《在桑拿中生存》一文中,我们讨论了几个在蒸桑拿时遇到的有趣问题。其中一个问题仍未找到答案:当我们在热石头上泼水使得空气湿度暂时提高时,究竟是什么原因导致我们感觉到暂时的热脉冲? 我们在当时只能做"经验推测",猜想至少有四个不同的因素可能发挥了作用。但这并没有真正地解决问题。幸运的是,赫尔辛基大学的气象学教授韦萨拉及时解了围。他自己每周蒸两次桑拿,通过几年的定性观察,解决了这个并不简单的难题并就这个课题发表了一篇论文。

这就是韦萨拉令人惊讶的观点:水蒸气凝结导致潜在的热量释放到皮肤,这是一个重要的机制——也许是最重要的机制。因为,在桑拿房中,我们的皮肤可能是最凉的地方,使得靠近皮肤的地方湿度容易达到100%。

非常棒! 我们习惯于从皮肤蒸发水汽而不是凝结的角度思考问题。但桑拿有些特别,我们应该跳出框框来思考。

为了检查论据的有效性,让我们假设桑拿房的温度是 100℃(事实上,芬兰桑拿房的温度是介于 80—110℃ 之间)。这样做简化了分析,因为 100% 的湿度刚好对应 1000 毫巴的水蒸气压强。为方便起见,我们把水蒸气压强曲线在这里重现,从中很容易看清楚发生的情况。

我们在之前的桑拿话题中曾经指出(从曲线中很容易获得该数据),如果外部空气被加热到桑拿房的温度,湿度将自动降至不超过 3%。如果加入额外的水分,比如出汗,那么湿度便会提高。事实上,桑拿房的平均湿度大概是 8% 上下。

如图 1.3 所示,从水蒸气压强曲线可以看到,8% 的湿度(在这种情况下压强为 80 毫巴)在温度至 40℃ 时达到饱和,这几乎正是我们通过桑拿获得的皮肤温度——43℃,红外线皮肤温度检测证实了这一点。换句话说,如果湿度升高一点,比如上升至 10%,水分必然将凝结在皮肤上。这恰恰就是我们把水泼到炙热的石头上时所发生的情况。

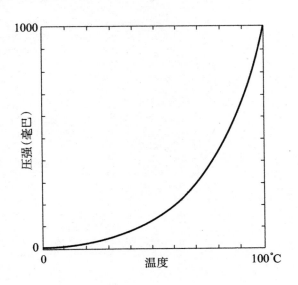

图 1.3　水蒸气压强曲线

为了评估冷凝在多大程度上导致了热脉冲，韦萨拉也做了定量分析，他发现潜热通量约为 4 千瓦。这与普通的热通量在同一个数量级上，已在额外对流产生的热脉冲中得到加强（该分析不包括人体和热炉之间通过辐射产生的热交换）。

所以，下次再去蒸桑拿的时候，你可能想做一次排汗实验来验证一下。

但是，如果你只是想坐着放松的话，就不会出汗。

加油与充电

当我们沿着高速公路行驶时通常不会想到这个问题：在化石燃料时代结束以后，交通将变成什么样子呢？我们的曾孙们将以何种方式在快车道上行进呢？估计不会再有汽油驱动的汽车了。没准是一辆全电动汽车？或用燃料电池驱动的氢燃料汽车？或许，他们会使用合成液体燃料来推动发动机？情况尚不十分明确。

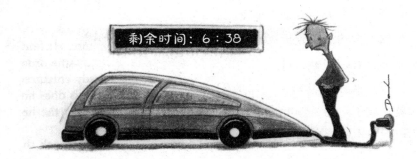

让我们假设这是一辆全电动汽车。当然了，电池的重量是个问题：即便配备目前可提供的最优秀型号的电池，如果我们希望这块电池携带能量相当于50升左右汽油的能量，这辆车的重量也有将近燃油汽车的两倍了。但是我们也可以乐观一些：假如能够将电池中能量的密度值在数量级上改进一下，就可以让额外的重量变得可以接受。人们就会想：问题解决了。

不过，另一个有趣的问题随之而来：加油的问题如何解决？在假日里驾驶现在的燃油汽车出远门时，加油犹如小菜一碟。比如，我们可以在中途喝咖啡休息的时候加油。现在，想一想电动汽车怎么充电吧。假设我们的汽车电池电量低了，且已是傍晚时分。如果离酒店不远就很幸运，不需

要汽车充电站,酒店里就有电源插座,我们也很乐意付给酒店充电的费用。然而,如果我们第二天还有 700 千米的路要开,那么充电的过程要多久呢?

让我们来做一个简单的计算。如果我们不想烧毁保险丝,一个标准电源插座最多能提供 16 安的电流,在 220/230 伏的电压下功率可以达到 3.5 千瓦。

把这个数字与高速公路上奔驰的汽车的平均状况做一个对比:汽车需要约 15 千瓦功率,这是刚才的数字的 4 倍多。结论是,我们的汽车每行驶一小时就需要充电约 4 小时。如果我们第二天想继续驱车 7 小时左右,就需要充电约 28 小时。

因此,如果我们的曾孙要驾驶一辆电动汽车,他最好选择一个配备了特别设施、能保证连夜充电的酒店。并且,他还得与酒店主管成为好朋友,否则可别想第二天一大早就出发。

根据上面的结果分析,为我们当前使用的汽车加油时,计算一下能量流动是一件有趣的事。每升汽油的燃烧热约为 35 兆焦,我们每秒钟泵入 0.6 升汽油,换算为 21 兆焦/秒,即 21 兆瓦。如果电动汽车的效能转换率是 1/3,就变成了 7 兆瓦。参照先前电动汽车充电的计算,这是用标准电源插座为电池充电的速度的 2000 倍之多。

当我们的曾孙们在高速公路上飞驰时,他们会不会默念这些数字呢?他们很可能会回想一下我们和我们所处的石油年代,心想:那些家伙可真幸运⋯⋯

多少颗火苗能点亮一盏灯

随便找个路人问个简单的问题:"如果把热水龙头打开,就表示你在消耗能量,对吧? 那么,用这段时间消耗的能量,你觉得能点亮几盏电灯?"

问题的答案可能会是这样的:"哦……让我想想,我猜有10盏,可能会有20盏吧?"如果我们说可能多达1000盏,他/她将会吃惊万分。

外行人不知道,水的热容高得惊人,他/她也不知道热力学第一定律可以适用于多大的范围。

对我们物理学家来说,道理很简单。在知道一簇小小的火苗能产生100瓦能量后,我们甚至能通过数火苗来解释事物。取一根火柴,它的质量约为0.1克,因此它的木质含有约2000焦的能量。现在假设它燃烧的时间约为20秒,于是得出:2000焦/20秒=100瓦。我们可以用蜡烛做同样的实验。要测出蜡烛燃烧多长时间,查阅一下石蜡或硬脂酸的燃烧热,结果仍是约100瓦。因此,经验法则在这里一目了然,一小簇火苗就相当于一台约100瓦的加热器。

有了这个结论,后面的计算就轻车熟路了。首先,我们来看看野营用的煤气炉或者我们家里使用的天然气灶。每个灶头有20—30个火苗,即每一个燃气灶能产生2000—3000瓦的热量。可以肯定的是,如果我们用互联

网查询一下,谷歌会告诉我们这个估算是正确的。然而对于一个热水龙头来说,这还不够。假如我们碰巧熟悉燃气热水器,会记得它们有 10 排×10 个火苗,能产生 100×100 瓦或 10 千瓦的热量。燃气热水器并不算什么奢侈设备,它产生的热量远不能提供一次舒适的淋浴。因此可以断定,一个热水龙头提供的平均热量是大大超过 10 千瓦的。

不过我们也不要夸大其词,就围绕 10 千瓦来讨论吧。为简便起见,我们假设用电来为水加热,这样我们可以直接把它与电灯相比较。一个光通量为 600 流明的高效能光源设施耗能约 10 瓦,这只是热水龙头的 1/1000。

对物理学门外汉来说,这是关于能量和全球变暖的不错的一课。他/她在计算家庭耗能的时候最常用的是能转动或能发光的东西——电动机或电灯。

错!不是能运动的东西,也不是光。热才是最主要的。

能喝的燃料

对我们大多数人来说,细微的进化是在悄无声息中进行的。近年来我们驾驶车辆时,我们的汽油发动机不再燃烧化石燃料,即几百万年前积淀至今的太阳能源。其中约 10% 的车辆消耗的是去年积淀下来的太阳能源——生物乙醇。对于柴油发动机来说,这个比例还要高几个百分点。例如,在德国,近来依靠纯生物柴油的轿车已经多达 20 万辆。欧盟委员会制定的目标是,到 2020 年,生物燃料应占全部运输燃料的 10%。

欧盟委员会制定这个标准的时候似乎受到了错误建议的影响。过去几年,我们目睹了全球食品价格惊人地大幅上涨,其中部分原因就是生物燃料。那么,发展生物燃料的构想难道只是一个假想吗?

我们来做一个简单的计算。我们日常的食品每天提供约 10 000 千焦的能量,折算成油或汽油,也就是每天 1/4 升。这个数字仅占每日汽车汽油需求量很小的一部分。换句话说,如果扩大到全球的规模,这个想法一定会遇到大问题。让我们设想一下生物燃料与食品展开竞争的情形,这正是目前所谓第一代生物燃料车面临的状况。

如果说，我们不仅要利用植物与食物有关的部分，而且再把包括秸秆等全部光合作用产品都用上，我们就能做得更好。然而，即使这样的"第二代"生物燃料也有它的局限性，其基本的原因是天然的光合作用的整体效率偏低。在通常的欧洲气候环境中，相对于每年平均的太阳能入射量，其平均效率还不到1%。这个数字对于人口密集和能源短缺的国家来说可是个坏消息。以荷兰为例，即便光合作用的效率达到令人乐观的1%，要想用生物物质转换的能源满足这个国家的全部能源消耗总量并可持续发展，所需要的土地种植面积将超过国土面积的两倍。

毋庸置疑，我们的能源供应中相当可观的一部分将迟早依赖太阳产生。但是，我们怎样才能更好地利用光合作用呢？比如光伏电池，晶体硅电池的效能一般能达到10%—15%，而多结聚光电池在2007年夏季创下了43%的纪录。这些都提示我们可以依赖高科技解决，而不需要用中世纪的方法去应对现代能源密集型社会面临的能源需求问题。

无论何种情况，如果未来的燃料消耗依赖生物乙醇，我们一定会落入非常糟糕的两难境地。例如，在2018年庆祝欧洲物理学会成立50周年的招待会上，或许我们将要面对这样的问题："咱们是再喝一杯呢，还是省下来让车多开300米呢？"

最优美的行走方式

　　漫长的进化给予人类足够的时间去学习如何行走。行走确实是一种有效的移动方式，虽然不及骑自行车那么有效。我们的有效行走归结于几项明显的特征：我们的双臂和双腿做反相摆动，使得角动量总体上大致保持为零。我们摆动腿部的频率与钟摆的自然频率极为相近，成年人约 1 赫兹。事实上，军人的行军步伐通常保持在每分钟 120 步，频率恰为 1 赫兹。如果标准的一步长度为 83 厘米，对应的行军速度也就是每分钟 100 米。优美！这个结果并不是要展现米制计量法的优越性，但这确实就是日常的情况。

今后

以前

　　从能量角度来讲，在水平面上行走是一个特殊的情况。水平行走时，我们并不需要克服外力，而在上楼梯时，我们必须克服重力来增加势能；又如划桨和骑车时，我们必须克服水或空气的阻力。行走的情况却不同，连空气动力造成的阻力都是可以忽略的（记得吗，它与速度的平方成正比）。

我们制造的全部能量都被我们的身体所消耗。

人们可能会奇怪,行走到底为何会消耗能量。实验证明,行走消耗氧气,产生二氧化碳,由此造成的新陈代谢消耗大约为每千克体重 2.5 瓦。对于一名成年人来说,大约是 200 瓦。这个数值怎么如此之大呢? 这是因为人类的行走是包含许多机械运动的复杂动作,涉及不同肌肉的活动。人们正在研究几种相关的理论,以期做出全面的描述。

作为纯粹的物理学家,我们能给出的明确的解释是:虽然身体的有效移动是在水平方向上的,但是在迈出每一步时,我们身体的重心必须要抬高 4 厘米左右。这是不是新陈代谢值这么高的原因呢? 这个简单的解释尽管听起来有些道理,它并没有证据支持。密歇根大学的库欧所做的试验证明,用减少重心增加距离的行走方式并不能降低代谢值。事实上,它反而让代谢值增高。而且,当步幅比我们自然行走偏大或偏小时,代谢值也会增加。换言之,我们正常的行走动作就是效率最高的方式。

如此说来,结论显而易见。如果我们真想让行走的效率再高一些,就不要试图通过思考物理原理来改进步伐。连想都不要想,尽管走就是了。如果我们仍然对结果不够满意,那就只剩下一个替代方法了:回家去取自行车吧……

什么温度的葡萄酒最好喝

这个现象在我们每个人身上都发生过:我们打开一瓶葡萄酒,对酒的温度不满意。如果这是红葡萄酒而且酒温过低,事情很好办:把它放进微波炉里加热几秒钟就好(别告诉酿酒商)。不过,如果这是一瓶温乎乎的白葡萄酒,就有问题了。我们只能把整瓶酒放进冰箱,再耐心等待。要等多久才能让这瓶葡萄酒达到理想的温度呢?

作为物理学家,我们知道问题的答案是由酒瓶和冰箱之间温差的指数式衰减决定的,这里的时间常数为空气中一瓶葡萄酒的热弛豫时间。严格来说,这并不是课本里要研究的问题,但是解决起来很容易。热弛豫时间等于 RC,其中热阻值的产物是 R,热容量为 C。因为葡萄酒的热容量 C 能够借用水的比热值比较准确地估算出,所以我们只需要找到葡萄酒与空气之间玻璃层的热阻值 R 是多少。对于白葡萄酒瓶这样的异形状物件,计算似乎很繁杂,但是用"平行盘几何"的方法是可以进行大致计算的。因此我们可取 $R=d/kA$,其中 d 是玻璃瓶的厚度,k 是热传导系数,A 是总表面积。

这个计算很容易,通过空瓶的重量、其外表面的总面积和玻璃物质的密度可以算出 d 是 3 毫米多一点,因此得出的热弛豫时间几乎是 3 分钟整。

3 分钟!如果考虑辐射因素的话,时间还可以再短一些。我们根据经验就能做出判断,这个答案肯定不对。实际上,答案也不是 3 分钟。原因是我们低估了 R 的值。我们应当把酒瓶周围那一层薄薄的空气也考虑在

内,这一层空气中不存在热对流,热的传递依靠传导。这个空气层具有的热阻值要比玻璃本身高很多。这样看来,刚才计算得出的 3 分钟应当看作是较低的极限值。在有效空气层是几毫米厚的条件下,实验得到的冰箱中酒瓶的热弛豫时间约为 3 小时。

当然,我们可以用浸入冰水而非放置于空气中的方法来加快冷却速度。如果水和葡萄酒的自然对流足够有效的话,我们或许能接近上面计算的极限值。

但是,还有一种更好的办法来让葡萄酒冷却——商业上用"冷却套",其中有一层冷却胶质,具有很大的潜热容。它的优点在于,能提前冷却到冰点以下很低温度,同时与葡萄酒瓶之间能产生很好的热接触。

显然,这个妙法对任何瓶子都管用,不考虑它的容积有多大。但是考虑到刚才进行的繁重的脑力劳动,我们似乎应该用一瓶产自卢瓦河的芳香四溢的普伊—富美葡萄酒或者阿尔萨斯出产的白皮诺葡萄酒犒劳自己一下。只需冷却 8 分钟,就能恰好达到品酌的最佳温度了。

风车的烦扰

对于近年来遍布欧洲大陆的风力发电机,许多人并不喜欢,一些人甚至对它们深恶痛绝。坦白说,没有什么东西比这些无休无止嗡嗡转动的旋翼叶片更能破坏乡间的平和与静谧了。我们为什么要到处安装这些玩意呢?作为物理学家,我们知道,风的能量与风速 v 的立方(v^3)成正比。那么,把这些发电机安装在陆地上并不是一个好主意,何况是在风速通常较低的欧洲大陆腹地。为什么不把它们竖到大风呼啸的海里去呢,比如北海或波罗的海?最近,若干座离岸风力发电厂已经建造完毕并投入运行,更多的发电厂建设也在筹划之中。我们要不要把那些陆地上的"怪物"统统抛开呢?

让我们来仔细研究一下这两种选择。对于海上风力发电机来说,首先的问题是我们需要多少台这样的机器?假设我们希望获得 1500 兆瓦的电力,这相当于一个大型传统发电厂或核电站的普通总装机容量。如果每一

台叶片直径为 90 米的现代风力发电机能制造 3 兆瓦电力,通过计算你会发现,我们需要 500 台这样的发电机。但是,这是错的。我们还必须考虑负荷率,即平均输出与最大输出的比值。对于海上风力发动机来说,负荷率通常为 30%—33%(岸上的风力发电机最高可达 25%)。因此,我们要获得 1500 兆瓦的电力,就需要 1500 台这种类型的海上风力发电机。

如此巨大数量的发电机要占多大空间呢?这里我们必须解释一下为什么要设置合理的空间布局。如果风力发电机之间过于接近,他们会干扰相互的风剖面。这不仅减小了下游风力发电机的功率,还会因为气流干扰而对整体构造施加多余的压力。这样算下来,风力发电厂的合理空间设计是发动机之间相距 7 倍叶片直径的距离。因此,这 1500 台海上风力发电机需要的总占地面积是 800 平方千米。经验法则告诉我们,根据不同类型和位置,海上的风力发电站每平方千米平均发电量为 1—2 兆瓦。上述空间设计与这条法则是一致的。因为发电机功率和占地空间与叶片直径的平方成比例增长,粗略计算一下你就知道,海上风力发电站的发电量与叶片的直径并无关联。大型发电机显然因为风速随海拔增高这一点而占据了优势。

考虑到欧洲周围的海洋面积,800 平方千米并非完全不合理。那么,我们应当兴建海上风力发电站吗?

也许应该吧,但是海上风力发电站是有缺陷的:在海上建设和维护设备困难重重,还有海水侵蚀的问题。这些因素都使得海上风力发电站比陆地建造的发电站成本高出近一倍。从经济角度讲,我们在陆地上建设风力发电站的收益更高。如果能巧妙地布局,这些发电机几乎能与传统发电厂相媲美,而且它们的"能量回报时间"还不到一年。听起来不错,不过这还没有涉及我们的审美观话题。

人们可能会想,我们今天看来在荷兰风景中美不胜收的风车,17 世纪的祖先会如何评价呢?有趣的问题!但是答案……飘在风中。

取暖的问题

冬天到了，我们的房屋温暖舒
适，但是我们需要新鲜的空气。根
据《最快的换气方式》一文，我们注
意到，如果让屋里的空气与外界的
新鲜空气进行短暂的对流，同时关
闭暖气，一旦新的热平衡建立起来，
室温就几乎会回到起始值。原因是
空气的热容量小于房间中所有的固
态物体的热容量，如果我们把部分

墙壁也算在内的话。反过来说，这是因为固体中原子序数密度的大小几乎
是相同环境温度和气压下空气密度的 1000 倍，而每个单一原子对热容量的
贡献，无论是固体、液体还是气体，都是大致相同的，即为玻尔兹曼常量 k 的
几倍。

顺便提一下，进气的速度究竟要多快才能让这个说法站得住脚呢？显
然，与房间的热弛豫时间相比，进气时间必须要短。但是这一点不太容易
测量。首先，考虑到房间里所有物体各有不同的热弛豫时间 RC（R 是热阻，
C 是热容量），一个房间的温度平衡并不是一个单一弛豫时间的过程。例
如，一个空玻璃酒杯的热弛豫时间或许只有半分钟，而满满一瓶葡萄酒的
热弛豫时间约为 3 小时，而墙壁和其他大件物品需要更长的时间。无论何
种情况，这些值足够大，能让房间轻松在"瞬间"获得新鲜空气。随后，对流
效应与空气的小热容量共同快速提升空气温度，使房间几乎恢复到初始的
水平。虽然这个过程很老式，但从节省能源的角度讲，它好过让冷空气不

断穿过我们的房间,后者会在我们的皮肤附近造成温度梯度,让我们感到寒冷。

为房间空气加温的过程引出一个有趣的物理问题。如果我们将两种情况相比较——对于房间里的冷空气和热空气来说,在忽略空气对流的条件下,哪一种情况空气分子的总动能最大? 答案似乎显而易见,因为气体分子的平均动能与温度成正比(即 $3/2kT$),总动能会随着温度上升而上升。

然而,这里有个陷阱。在温度上升时,一些空气会逃逸,因为空气压力没有变化,是由外界压力决定的。你看,如果我们把空气看作理想气体(在周围环境条件下近似理想状态),常压下其密度与温度成反比。既然我们的房间容积保持不变,房间中分子的减少量也与温度成反比。

所以,得出的答案可能令人惊讶:我们为房间加温时,屋内空气的总动能是保持稳定不变的。

滑稽的微波炉

微波烤炉(或仅称"微波炉",这种常用说法是以偏概全的)的发明为我们的生活增添了便利。作为物理学家我们会受到这个名字的误导,会想到测微波长。标准的微波炉工作频率是 2.45 吉赫(GHz),对应的波长约 12

厘米,这并不完全处于微波区波段的中央。不过,这个波长确实解释了在常规烤炉尺寸的情况下,会出现驻波图,造成食物加热程度上的巨大差别。我们还意识到,我们需要食物中含有便于吸收微波的物质——水。然而,这其中的吸收机制可不简单。微波炉不是利用某种内部分子的振动或旋转模式。典型的振动能带需要的能量大得多,大到它们甚至能够大量吸收水的可见光谱中的红色部分。微波炉利用的是水分子的大偶极矩来使它在邻近的分子之间"摇摆"。说得再清楚些,由于偶极子弛豫,我们通过介电损耗吸收辐射。微波区域对此完全适合。在较低的辐射频率上,偶极子会跟随场的变化而变化,从而不发生吸收。在高频率上,偶极子来不及变

化方向，这时什么都不会发生。但在这两种情况之间，当偶极子落后于场的变化时，就会出现一条很宽的吸收曲线。正如伏尔莫 2004 年在《物理教育》中阐述的，使用的微波频率并不靠近吸收曲线的最大值。在这种情况下，只是在食物表面的薄层中的吸收才会变得很大，从而被加热。事实上，微波炉使用的微波频率穿透深度只有几厘米，从而使食物平稳地加热。

偶极子弛豫机制的一个有趣结果是，冰的吸收非常小。因为其晶格结构中的分子牢固到无法跟随振荡场的变化，所以能量的吸收就减小了 3—4 个数量级。

以上就是对微波炉中的液体或冰加热原理的讨论。那么，金属呢？当然，由于有自由电子起到反射微波的作用，微波几乎会被完全反射。微波对金属的穿透深度仅有 1 微米量级。因此，只要我们把微波炉的门关严，就能保证厨房的绝对安全。哪怕把茶匙留在茶杯里也不会出现什么问题。然而，叉子却是很危险的。叉子的尖端会像避雷装置一样集中电场线，可能会导致击穿，上演一场有趣但存在着危险的闪电秀。

最壮观的现象可能是我们那些珍贵的带有艺术装饰的瓷器引发的，尤其是当这些装饰是一层薄薄的镀金时。这其中的原因并不寻常。我们必须记住，微波在金属中的穿透深度是极小的，那一层薄镀金会耗费大量的热。对于茶匙这样的固态金属物体，这不算什么问题，它的热传导和热容量都很大，因此能轻易地把热吸收掉，并传导到茶杯里的液体中去。唉，看来我们的瓷杯不是热的良导体，热无处可去，只能集中到那一点点的金属导热物质上。所以，要是我们心不在焉地把装饰精美的茶杯放进微波炉，就只能和它说再见了……

有趣的冰

水是伟大的物质,特别是当它冷冻成冰的时候。它变得滑溜溜的,在上面滑行乐趣颇多。但是,为什么冰这么滑呢? 表面水平并不是个中原因。举个例子,玻璃是平的但却不滑。我们仅需要一层水就能把平坦的表面变光滑。可以肯定的是,我们溜冰的时候,是在一层薄薄的水上滑行的。

那么,这层水是哪里来的呢? 许多人会以为这是因为滑冰者对冰施加的压力。毕竟,压力降低了冰的熔点,滑冰者的重量在窄窄的冰刀上形成相当大的压力。然而,通过计算,你会发现,这个压力最多只能把熔点降低几十分之一度。所以说,这个解释是错误的。你想想一枚重量几乎可以被忽略的冰球在冰上滑得多顺当,这可一点都不令人惊讶。

实际上,我们根本不需要有压力。在温度刚刚低于冰点时,冰上总会有一层薄薄的液态水,厚度不超过 70 纳米。从根本上说,这是因为位于最外层的分子在外侧没有邻居,这样它们不像位于深处的分子那样结合得紧密。因此,冰是湿的,这就让我们可以几乎不受任何阻力优美地滑行。

这就是滑冰的乐趣。那么,不流动的、静止的水的结冰过程又是怎样

的呢？当然，我们需要低于0℃的气温才能实现这个神奇的变化。只要水温高于4℃，因为接近底部较温暖的水层变轻而上升，水中便会自然地出现对流的扰动。而水温一旦降低到4℃，水的密度即达到了最大，此时接近表层的冷水因为最轻而停留在最上层，对流停止，结冰的过程便开始。因为浅水比深水较快到达这个状态，所以浅水较容易结冰。

如果气温再上升，冰层的融化有何特别之处吗？从对称性原理考虑，我们可以猜测融化的过程与结冰的过程一样快，只要温差相等而且变化恰好相反。

错了。在静止的冷空气里发生的结冰过程，紧贴冰层的空气层比其余的空气较温暖一些。在这种情况下，天然对流有助于让冰层降温。相比之下，如果冰的融化是因为气温上升，那么冰层相对较冷，与它相邻的冷空气便不会有升温的趋势，因此不会产生增加热传递的对流。所以我们得出结论，冰融化的过程比结冰慢。

溜冰者最不愿看到冰层消失。幸运的是，只要气温在0℃以下，忽略热辐射，冰层的厚度将保持不变。但情况真是这样吗？我们发现，即便气温降到0℃以下，水蒸气压力也是限定的。水分子将通过升华从固态直接转变为气态。许多溜冰者会把它看成坏消息，因为它减少了冰层的厚度。

又错了。升华为冰层表面降温，涉及的热量值为融化和蒸发所需热量的总和。这个数字几乎比融化所需热量大一个数量级，所以造成的净效应是，该过程让冰层从底部增厚的速度快于从顶层消失的速度。

因此，如果你觉得有关水和水的各种状态转换的一切都是日常琐事，那你真是如履薄冰了。

神奇的烛火

　　众所周知,蜡烛火焰是微弱的光源。作为一个 100 瓦的能源消耗物,它产生的光比不上任何现代光源。然而,它却是一位充满智慧的技术代言人。

　　在进入细节讨论之前,我们应当意识到,在说起火焰时,我们谈论的是气相的化学反应。我们甚至能够用一种简单的方式把这个概念形象化:吹灭一支蜡烛,再用一根划着的火柴伸到滚热的烛

芯上方的袅袅青烟中,可再次把它点燃。但是,我们无法用一根火柴去点着一大根蜡,因为它的蒸气压太低。石蜡是目前用于蜡烛生产的最常用的蜡原料。它由几种碳氢化合物的混合物构成,如 C_nH_{2n+2},其中 n 通常为 22—25。这样的分子在环境温度下的蒸气压大大低于 10^{-6} 巴,低得无法被点燃——不过幸好——低到让蜡烛几乎可以永久储存。所以,为了点燃石蜡,我们必须要接近大约在 350—430℃ 范围内的沸点。

　　我们使用吸收了石蜡的烛芯,正好达到了点燃蜡烛所需要的温度。它的热容量非常小,划着的一根火柴在一秒钟内就能升高到所需温度。

　　烛芯是蜡烛的心。它的热不仅熔化了位于燃烧的烛芯下面的蜡,它还起到了燃料泵的作用,通过毛细作用把液体蜡吸上来,让火焰持续燃烧。如果我们点燃一支蜡烛后仔细观察,便能注意到,火焰一开始很旺,之后由于燃料不足而变小,而且,只有成功熔化了一层蜡的时候才能燃烧出最充分的火焰。烛芯通常由拧成股的棉线制成,经过无机化合物处理,防止火

焰熄灭后续灼。烛芯的结构对蜡烛的燃烧表现起着决定性的作用,包括烛芯的位置和自我修剪的能力。它的内芯可能含有锌或锡,帮助它在周围的蜡液化时保持竖直。

蜡烛的燃烧作用教给我们,燃烧产生的热量比熔化和蒸发产生的热的总和还要大得多。这是隐藏在蜡烛里的基础物理课之一。

很显然,蜡烛的燃烧作用依赖天然对流来消除燃烧产物并补充新鲜空气。实际上,在微重力环境下,一支点燃的蜡烛只能燃烧一小会儿就熄灭了——或因为缺少氧气而几近熄灭。这里有另一个物理学原理,环境压力下的扩散是一个非常缓慢的过程。

火焰本身代表了一系列步骤的发生:蜡蒸发——蜡在高温下分解成气态碳氢化合物的碎片、氢和固体碳颗粒(烟灰),以及最终碳颗粒以明亮的锥形火焰燃烧,完成了蜡烛的全部使命。在这些碳颗粒不完全燃烧的情况下,比如氧气不足时或一阵风吹来让火焰温度降低到 1000℃ 以下时,火焰将排放出碳烟,扫了燃烧的兴。

明亮的锥形火焰的温度在 1200℃ 上下。现在我们清楚了,为什么说蜡烛是如此低效的光源。火焰发出的热量中,80%以上因空气对流而散失了,剩余的 20% 同样无法发出非常有效的光。如果我们假设以 1200℃ 燃烧的碳微粒好比普朗克辐射体,维恩定律告诉我们,它散发出的光的波长峰值大约是 2 微米。我们肉眼的视觉灵敏度曲线很狭窄,在 0.5 微米上下,因此结论是不可避免的。蜡烛提供了有趣的科学话题,却可惜发不出多少光。

第二部分

绚丽的声光之舞

声音的能量

即使一只小小的蟋蟀，也无需每隔一分钟"加一次油"，就能制造出大量噪声。这说明了物理学家们早就知晓的一件事：可听声波携带的能量很小。或者，如果你愿意的话，人耳是相当敏感的——当然声波得位于正确的频率范围内。

上帝啊，求您吸收点声音吧！

我们从事生物物理学与医学研究的同仁们已经将耳朵对声波的反应研究清楚了，并用许多人从教科书上熟知的听力图展示出来。为方便起见，我们在这里对此重建一下。

每一条同音线曲线代表的声音在普通人听起来音量大小是相同的。

如图 2.1 所示，人耳不仅相当敏感，而且听力的强度范围大得惊人：在 1000 赫兹处，其值大约达到 12 个量级。如果考虑到噪音污染，这在某种意义上正是我们所渴望的。这意味着，如果噪音大，其阈值足够让我们感觉到疼痛，且假设声音的强度随距离 r 的增加以 $1/r^2$ 衰减，那么我们将必须远离声源此时距离 r 的 10^6 倍的距离才能摆脱噪音。换言之，如果我们距离声源 10 米远，就必须退到约 10 000 千米之外才能摆脱这个声音。

在这里，我们假设衰减可以忽略不计，因为声波的传播是一个绝热过程。显然，实际生活中情况并没那么简单。这里有几个造成损耗的因素。例如，要考虑到压缩和膨胀的空气之间不可逆的热泄漏。这里有一个有趣的特点是，经典吸收系数与频率的平方成正比，这是我们能听到远处隆隆作响的雷声的原因。另外,障碍物会导致衰减。此外,地球的曲率和声波本身的弯曲,通常由于温度垂直梯度而背离地面。如果没有这样的损耗,谁也别想睡好觉。

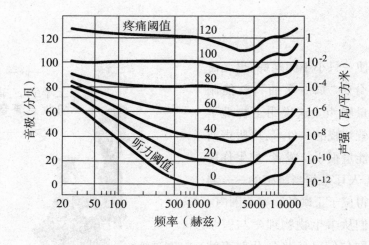

图 2.1　听力曲线

　　第二个值得注意的特征是曲线的形状。疼痛阈值曲线是相对平坦的,而当频率降至1000赫兹以下时,听力阈值急剧增加。如果我们把音频放大器的音量由高调低,我们往往会损失最低的频率。"音量控制"的目的就是要弥补这个损失。

　　有趣的是,注意声音强度的量级。当我们说话的时候,能产生多少声能?如图 2.1 所示,假设聆听者在 60 分贝的平均音级上听我们说话,右侧纵轴对应的强度是 10^{-6} 瓦/平方米。假设聆听者距离声源 2 米远,能量在大于 10 平方米的区域就被"抹掉"了。这意味着,一般来说,当我们说话时,将会产生 10^{-5} 瓦的声能。这的确是一个非常小的数。在我们整个一生中,即使日夜不停地说,并且活到 100 岁,我们的说话时间总共也不超过 10^6 个小时。用上面所说的 10^{-5} 瓦来计算,得出总能量为 10 瓦时。即使用 0.5 欧元/千瓦时这样一个相对高的价格来衡量,一辈子说个不停也花费不到 1 分钱。可以这么说,讲话真便宜。

上了年纪的耳朵

如果你还不到 35 岁,不妨停止阅读此文:你应该没有理由担心你的耳朵。但我们当中许多年龄更大的人,可能不时被明显的听力丧失所困扰。事实证明,在高频环境下,伤害更大,听力损失更糟。

让我们首先看一下数据。如图 2.2 所示,将一组不同年龄段人群听力损失的大样本数据

爷爷,您怎么听这么难听的噪声啊?

用频率的函数展现出来(承蒙莱顿大学医学中心德·拉特博士提供)。的确,在 60 岁的人群中,高频音调的丧失就已经相当严重了:在 8000 赫兹下的损失超过 35 分贝,年龄每增加 5 岁损失大约增加 10 分贝。到 80 岁时,我们将几乎完全听不到 8000 赫兹及以上的声音了。

为什么听力损失在较高频率上这么严重呢? 当我们在家听立体声音响时,可以把高音区调高一些来补偿这个损失,这没有什么问题。在面对面的交谈中我们也没遇到什么问题,直到在某次鸡尾酒会上面对面谈话时才注意到:背景噪音会使情况变得更糟。

究其原因,其中部分是因为 p、t、k、f 和 s 等辅音字母所起的作用,它们主要含有高频信息,很容易被掩盖或混杂起来;另一个原因与从背景噪音中识别出一句话时声音定位所起的作用(有时被称为"鸡尾酒会效应")有关。沿正向的 1—2°,我们可以很好地定位声音。

我们可以用两种途径做到这一点。首先,通过使用两耳间的相位(或

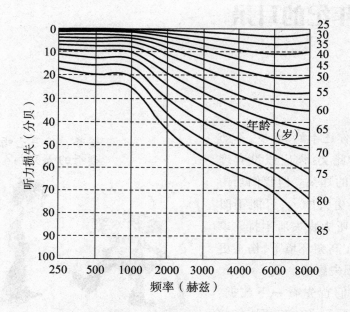

图2.2　30—85岁人群平均听力损失与频率的函数关系

到达时间）差——双耳时间差（ITD）。当然，只有当声波的波长比我们两耳之间的距离大时，信息才是清晰的。因此，ITD只在较低频率下，即低于1500赫兹的声音才有效。然而，在普通的房间和大厅里，反射的声音往往占据主导地位，特别是低频音。这是因为对于几乎所有的反射面，听觉吸收是随着频率的降低而减少的。因此，在这样的情况下，ITD就变得不可靠，并且低频音对于将某个对话从噪音中分辨出来也没有太大的帮助。

　　幸运的是，我们有第二种途径，利用来自侧面的声音在两耳间造成的强度差——双耳声级差（ILD）。我们知道，当声波的波长比我们的头部尺寸短得多的时候，就会出现有效的衍射：也就是说，头部投下了一片阴影。因此，ILD在3000赫兹以上的表现是优异的。

　　但正如图2.2所示，上年纪的人群耳朵在高频区出了问题，所以ILD也不能很好地发挥作用。最终，我们可能不得不像失聪的人所依赖的那样：用我们的眼睛看着说……

仍需改进的数码相机

如今，即使是廉价相机上的镜片，其光学性能也是非常优异的。我们不用太担心色差，即使我们把镜头"打开"并使用全镜头光圈。由于透镜制造业多年来的稳步发展，我们的相机——当然指更贵重的那些——正在逐渐被推向衍射极限光学的处境。

光圈1.22λ*f/D*，……
2；2.8；4；5.6；11；16；12；
r=15μm……

衍射是如何限制照片分辨率的呢？当然，这完全取决于镜头的焦距（这我们通常都知道）和光圈或透镜的有效直径（这我们可能无法确定）。

幸运的是，生活变得简单了。让我们看看教科书上关于通过圆孔光栅衍射的公式。当我们试图在胶片上让一个点光源成像时发现，所得到的艾里斑半径是 1.22 λ*f/D*，其中 λ 为波长，*f* 为焦距，*D* 为光圈直径（有趣的数值因子 1.22 是由矩形条的整合导出的）。

好的一面是，*f/D* 的比值是光圈值，我们曾经在非自动相机上将它们作为确定曝光值的两个参数之一。这串众所周知的数值是 2；2.8；4；5.6；8；11；16；22，间隔$\sqrt{2}$，当然，这是为了在连续值之间获得两次曝光。

准确地讲,我们现在受到衍射极限影响的程度到底有多严重?让我们看看最坏的情况,假设光线充足,选定光圈值为22。根据艾里斑半径公式,对于可见光谱的中部,将产生了半径为15微米的光斑。换句话说,我们在胶片上将得到一个直径为30微米的光斑,而不仅仅是一个光点。如果我们使用的是传统的、数字化时代开始之前的35毫米胶片,我们可能想将24×36毫米的帧扩大10倍,以求获得适合的照片尺寸。这意味着衍射斑点的直径会变为0.3毫米,这就不可以忽略了。结论就是,如果我们在照相机上使用高质量的光学元件,它可能会智能地将镜头拉得更远,并使用更小的光圈值。

现在,让我们将它与数码相机做一个比较:是像素的大小导致了分辨率受限,亦或是衍射仍在起作用?在上述最差的情况中,艾里斑的半径为15微米,假设瑞利判据只是用来解决可分辨的衍射图样(即间隔大小为 r 时足以区分相邻的两个图样),我们会发现,在24×36毫米的帧内,我们可以存储大约1600×2400个最小可分辨点。如果我们让这个图样在数码相机上成像,并且假设——稍微有点武断——在芯片上的像素数必须刚好等于最小可分辨的像点数,我们则需要几乎400万像素。这仅仅是一个普通的数码相机的性能。然而,如果我们将光圈从22调整到另一个极端的2,衍射极限光斑尺寸便缩小至1/10。如果数码相机要继续保持成像质量,它的像素数就得增加100倍。

因此,说起数码相机,它仍有改进的空间。

时间与金钱

时间退回到 1905 年,爱因斯坦正在研究相对论,其中的"时间"扮演着重要的角色。他可能从来没有想到,仅仅过了一个世纪,时间测量的准确度会如此惊人。例如 GPS 卫星时钟,我们为了让导航准确率达到米的量

你晚了23微秒!

级,GPS 计时器必须精确到纳秒以内。在世界各地的实验室,激光冷却铯和铷原子喷泉钟能达到约 $6×10^{-16}$ 的让人难以置信的精度。这相当于在一年内误差不会大于 20 纳秒(一年时间恰巧有大约 $π×10^7$ 秒)。

然而在日常生活中,情况已经发生了巨大的变化。我们大多数人都记得,在石英钟出现以前,钟表的误差往往超过几分钟,手表每两天左右就需要进行校准。事实上,人们若想知道准确时间,不得不求助于广播电台。相比之下,现代石英钟表的精度通常优于 $1/10^6$:一年误差大约 30 秒。而且,除了改用夏令时,几乎不需要校准。

以千瓦时和欧元计算,若要准确无误地读取日常时间要花费多少金钱呢?电能的损耗,即使是在 220 伏电压下运行的传统模拟时钟,尽管其电能消耗很小,我们也能从微不足道的热释放量中认识到。这种时钟电功率通常是 1 瓦量级,一年大约有 10^4 个小时,因此它每年消耗约为 10 千瓦时。用金钱来计算,大约每年 1 欧元。

现在来看看我们的电子手表,它通常依靠一块 1.55 伏、约 25 毫安的氧

化银电池运行。如果我们假设电池至少可运行两年,粗略计算后表明,手表的运行功率小于2微瓦。这确实非常小,与连接主电源的模拟时钟相比低6个数量级。

成本是多少呢? 这种电池的运行成本通常是2欧元,或者每年1欧元。现在你瞧,这不正是在我们家的传统钟表花费的成本吗?

结论很简单。我们的电子手表非常准确且能效极高,但其蓄电池的能量是极其昂贵的,达到5万欧元1千瓦时。但是无论我们用何种尽可能准确的钟表来获知时间,成本最多也就是全年耗费1欧元。如果爱因斯坦今天还活着,他可能会认同:这是用非常少的钱换来大量的时间。

碧海蓝天

天空的事情不难理解。大多数物理学家知道,天空的蓝色是由于瑞利散射依赖于$1/\lambda^4$造成的。但是海洋的蓝色是怎么回事呢?仅仅是水体表面倒映的蓝天吗?事实肯定不是这样:即使是多云天气,清澈的高山湖泊和海洋也可能显示出清晰的蓝色。此外,喜欢潜水和探索水下世界的人们早就注意到,深至水面以下几米的地方,蓝色依然占据着主导地位。甚至当我们用水下照相机给那些色彩斑斓的鱼拍照时,会发现漂亮的红色几乎完全消失了。而且与我们的眼睛不同的是,照相机是不会撒谎的。我们需要用闪光灯来反映水下世界美丽的色彩。换句话说,吸收是问题的关键——假如阳光要穿过几米深的水,便会损失许多红色成分。对于冰,还记得在冰川中的洞穴或隧道里的蓝色光吧,从深深的新鲜雪洞里散射返回的光也主要是蓝色光。

是什么导致水对可见光的选择性吸收?光谱学家们知道,氢原子与一个较重的原子相结合时,例如H_2O,其基本振动能带通常约为3微米。这个长度远离可见光波长区,但是由于水的偶极矩大,谐波和组合波段也能带来明显的吸收。如图2.3所示,从大约550纳米波长开始,水的吸收覆盖了一部分可见光谱。

在700纳米附近,水的吸收大幅提升,这是由于对称和非对称伸缩的组合($3v_1+v_3$),也就是氢键结合而导致微小的红移。我们注意到,红色的吸收系数很显著:它在700纳米附近上升到1米$^{-1}$,在1米时减弱到该值的$1/e$。难怪我们拍出的水下照片那么蓝。

有趣的是,D_2O的光谱红移约为1.4倍,由于氘核的质量较大,导致振动慢得多。因此,它移出了可见光区域。

但这不是关于"深蓝海洋"故事的全部,还要有反向散射,才能让水从

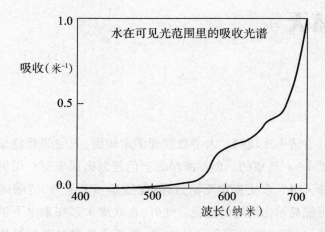

图 2.3　水在可见光范围里的吸收光谱

上面看的时候呈现出蓝色。对于浅水,散射可能来自水底的沙子或者白色岩石。在这种情况下,吸收长度是深度的两倍。然而,对于无限深的海洋,我们必须依赖于水体本身和可能的污染物的散射。只要污染物的尺寸小于波长,通过瑞利散射,它甚至可能使蓝色增强。

　　如果水变得非常脏,事情显然将变得更复杂。从绿色藻类和其他悬浮物散射的光线在光谱上可能向绿色,甚至是棕色移动。但清洁的水是蓝色的。当然,除非它是重水……

水下视界

　　许多物理学家认为,人类的眼睛并不适合在水下看东西。首先,当我们在水下睁开眼睛试图去看清什么时,我们的视野是模糊的。原因显而易见:由于内眼的折射率实际上就是水的折射率,我们因而失去了强烈弯曲的角膜的表面屈光力。水的屈光度为 40 的 $1/f$,从而形成了一个比实际眼睛的晶状体本身更为强大的镜头。我们能用正透镜予以纠正吗? 这里没有做粗略计算的必要:鉴于角膜表面的强曲率(半径约 8 毫米),在水环境中用玻璃镜片取代它是毫无希望的。我们的确需要在角膜前面重建一个空气—水的界面,这正是我们的潜水面罩所起的作用。

你好可爱!

　　但情况还不止这些。在水下,我们的视野显著缩小。然而,在正常环境中,折射发生在空气—角膜界面,我们通常会具有近乎 180° 的视野,一旦我们进入水下,就会丧失这个优势。潜水面罩也无法修正,因为在面罩前有补偿效应出现,如图 2.4 所示。

　　所以,如果你碰巧是个戴着呼吸器的潜水员,要注意! 当你想确定身后有没有一条鲨鱼在跟踪时,你转头的幅度得比你认为必要的更大一些才行。

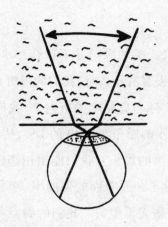

图 2.4　一个戴潜水面罩的人在水下的视野会减小

为什么洗澡时唱歌声音更好听

如果说家里有一个我们喜欢唱歌的地方，那就是浴室。原因是那里的混响时间格外长，任何声音的指数式衰减都很慢。这就是赛宾定律所描述的：一个房间声音的典型衰减时间与房间的容积成正比，并与完全吸收声波的总表面积成反比（例如，一扇敞开的窗户）。

所以，在混响的问题上，浴室是独特的。它通常有光秃秃的墙壁、瓷砖地面、很少或根本没有可以吸收声音的家具，甚至我们自己的衣服的作用也比平日更小——如果说它起到过任何作用的话。

如果浴室里有浴帘，那它就是唯一有效能吸收声波的东西了。所以，如果真想享受自己歌喉的话，我们可能会被建议不要拉上浴帘，而是把它打开，以便让吸声表面尽可能小，从而获得尽可能长的混响时间。我们自己的物理直觉，这么做似乎很合理。

但事实却不是这样的。不管我们拉开还是闭上浴帘，对声音吸收和混响时间的影响都是微乎其微的。原因有点微妙：声波在物体表面附近摩擦损耗，使得声音实际上在物体表面消散开来。但是更确切地说，我们必须考虑包括毛孔在内的材料的微观表面。这就是为什么多孔介质如帷幔、地毯、纤维状矿物棉、玻璃纤维及开孔泡沫通常是良好的吸音物质的原因。对于浴帘来说，只要声波能够轻易进入内表面，无论帘子是铺开在整个墙

壁,还是捆扎在房间的一个角落里,并无差别。

　　因此必然得出结论:当我们闭上眼睛时,我们无法说出浴帘是打开还是关闭的。但如果是在干洗店,我们就一定能注意到。

夕阳趣事

　　夕阳会耍一些让物理学家欣赏的小把戏,其中众所周知的一个就是太阳在下落时通常会呈现不寻常的红色。这是由于瑞利散射与 $1/\lambda^4$ 有依赖关系,从而有选择地删除了入射光谱中蓝端光所致。

　　鲜为人知的是,在日落时,太阳并不处于它看起来所在的位置。事实上,在我们仍能看到它的时候,它可能已经位于地平线以下了,在这里,我们不是在讨论由于光速所限使得我们会延迟大约 8 分钟后才看到太阳,我们谈论的是由密度梯度引起的折射率的垂直梯度导致的阳光折射。如果我们暂时忽略温度梯度,随着大气压强的减小,空气的密度随高度也在减小,每上升 100 米约减少 1% 多一点,也就是 $n^{-1}(dn/dz) \approx 1\times10^{-4}/m$。结果,光线随着地球的曲率弯向地面。这看起来就像是众所周知的"海市蜃楼"的相反情况,在阳光照射下,路面上仿佛出现了一个水池。

　　如果我们注意到,在恒定压力的条件下,有 $n^{-1}(dn/dz) = -T^{-1}(dT/dz)$,便不难发现,温度效应可能比大气压效应大得多。但是,如果温度梯度可以忽略,或者——较确切地说——如果温度随着海拔而升高的话,会发生些什么。这时,温度效应——如果有的话——会与大气压效应叠加起来。现在,光线便会随着地球的弯曲而弯曲,使得我们在日落之后的很短时间内仍能看到太阳。这种效应在日出和日落时分都会发生,每天为我们增加5分钟的阳光照耀时间。请注意,上面提到的有限光速的影响是做不到这一点的,它只能让一天中的每时每刻都出现8分钟的滞后。

由于大气中弯曲的光线比低洼射线更强些,这就出现了另一个现象:太阳仿佛被压扁了10%。事实上我们并不是总能注意到,这个现象是温度竞争效应的结果。

最后,人们在日落的瞬间,有时会观察到神秘的"绿光"。它只持续几秒钟,需要一些有利的大气条件。为什么是绿色,而且只有几秒钟呢?这里有几件事,我们必须结合起来看。首先,折射使得我们在日落后仍能见到阳光。由于色散,这种效果在可见光谱的蓝色端效果最强。这就是说,我们认为蓝色光是可见时间最长的,而光谱的红色端早已消失了。但正如我们所见的,夕阳中几乎没有蓝色光,阳光的最后一闪最终被绿色所主导。

绿光是夕阳的最后一次告别,这至少是一种风格独具的告别。

看不见的光

　　早在 1808 年,年轻的法国士兵马吕就注意到光线反射中的有趣现象。他在巴黎家中旋转一块冰洲石方解石的晶体时,透过晶体,注意到马路对面卢森堡宫的窗户反射的阳光发生了变化。人们通常认为,这次观测发现了光的偏振现象,为偏光眼镜的发明打下了基础。的确,偏光眼镜最常见的用途就是减少恼人的反光。

　　为了充分理解这个问题,让我们回想一下光通过玻璃或者水发生反射时的情况。为方便起见,反射率是给定的入射角 θ(光与法线形成的角度)的函数。如图 2.5 所示,是玻璃反射的情况,但与水中的情况略微不同。该图显示了平行或者垂直于入射平面的两种偏振情况的反射率,虚线是平均值,或者说是无偏振光的有效反射率。

　　在讨论两种不同的偏振现象之前,我们注意到一个有趣的现象,即在切线位置($\theta = 90°$),反射率会趋于一致。所以,我们就会见到平静湖面上的落日影像与夕阳本身一样明亮这样的例子。

　　在坐标轴的另一端,光线沿着法线入射时,反射率只有几个百分点:对于折射率为 $n = 3/2$ 的玻璃,我们能得出$(n - 1)^2 / (n + 1)^2 = (1/5)^2$或 4%。水的折射率是 $n = 4/3$,我们发现其反射率甚至更低:仅为$(1/7)^2$或 2%。因此,当我们直视池塘时,会发现自己脸部的倒影真的很模糊,且看到鱼的机会却很大,条件是水里有鱼而且水是清澈的。

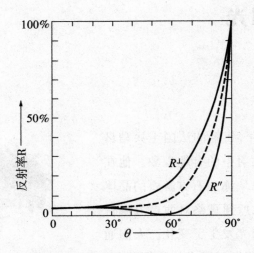

图 2.5　两种偏振光及非偏振光(虚线)
在玻璃表面上的反射率与入射角的关系

　　但是如果我们让角度位于两极端值之间,并且使用偏光镜,效果会更明显。显然,最好的选择是布儒斯特角,即偏振角①。光线以偏振角入射,两个偏振光之一的反射率是零,这时的反射光是完全偏振的。偏振角的正切函数是折射率,玻璃的偏振角为 θ = 56°,水为 53°。在这种情况下,我们的偏光镜就可以完美地工作了。

　　所以,如果我们想要为一块玻璃后面的物品照相,偏振原理可以帮上忙,只要我们正确地摆放偏光滤镜的角度。就像池塘的例子中,使用偏光镜就可以完全摆脱天空的反射景象。运用一点物理学知识,我们就会比鱼儿更聪明。

_____

　　① 当光线以某一特定角度入射并经介面反射后,反射光为偏振光,这个特定角称为布儒斯特角或偏振角。该角于 1815 年由英国物理学家布儒斯特发现。——译者注

难以捉摸的温度

在寒冷的天气，即使一缕阳光也能令人产生非常迥异的感受。人们经常这样说："天气预报说今天有 15℃，但是在阳光下至少有 25℃。"尽管这种说法在热平衡方面有一些正确之处，但严格说来是毫无道理的，因为根本没有"阳光下的温度"一说。那么，阳光下怎么测量温度呢？不

同种类的温度计挂在阳光下时，会因为结构、光学特性和其他因素而得到各种大相径庭的读数。关于气温的唯一精准的定义来自分子平均动能的计算式——$1/2mv^2 = 3/2kT$，辐射与之毫不搭界。

不过，直接测量气体中分子的动能并非易事。因此我们使用了间接的方法——温度计。它使用简便，但并不总是可靠的。问题就在于空气是热的不良导体，这使得空气和温度计之间的热接触很弱。结果，辐射作用的影响很难抑制。如果把温度计放置在阳光下，就别想获得可靠的测量结果了。但是，即便在阴影中，间接辐射也会让温度计显示的温度略高。毫无疑问，气象学家有着一套严格的温度测量规则：温度计必须放置在通风良好、外表涂成白色的箱体内，放置于距地面 1.5 米高的地方等。如果你仔细想一想就会发现，我们能对空气温度进行精确的测量简直是一个奇迹。

在温度的问题上，风是另一个导致误解的因素。显然，风吹过我们身体周围时（或者说吹过被加热到高于环境温度的任何物体时），由于传导而

造成的热量损失会加强。其中的原因是隔绝热量的空气层———一般有几毫米厚——在风吹来的时候会变得稀薄一些，其效果就像空气温度降低了一些。这个被人体感知出的气温降低现象通常被称为"风寒"效应。尽管这个概念已经广为人知，但是许多人还是未觉察到这点。比如，一位记者总结说，对照风寒表，如果风一直刮下去，他汽车散热器里的水远高于冰点时就要结冰了。

如果我们仔细想想，风寒定义的其实是一个存在谬误的概念。一方面，要看我们穿的衣服。例如，在无限隔离效果的防护下，风对我们完全起不到效果，风寒效应便毫无意义。我们能够肯定的是，如果风速达到无限大，任何风速修正必然会逐渐达到一个有限值。如果皮肤是裸露的，它最终将与空气温度一致，这时热量损失仅在我们身体内部通过传导才得以发生。不过，在外界温度达到冰点的情况下，这可不是一个令人愉快的状况。

阳光和风都使得温度的概念让人有些难以捉摸。谢天谢地，有了分子动理论，无论晴雨，我们这些物理学家就掌握了可靠的定义。

彩虹之上

每个人都知道彩虹，大多数物理学家了解彩虹的光学背景知识。

但是有一个问题让绝大多数物理学家无法马上说出答案：彩虹上方和下方出现的明亮的天空是怎么回事呢？

为了找到答案，让我们首先回忆一下彩虹形成的原因。如果我们假设雨滴的大小与光的波长相比较大，几何光学就可以解释。关键是，如果我们用"分子碰撞"的语言来描述这个问题，在雨滴内部经一次反射的光线其偏转作为"碰撞参数"的函数有一个极限，因此，图 2.6 中的出射光线 2，相对于水平方向偏转的角度最大，尽管它的两侧有同样进入雨滴的光线（这个事实可以通过在一束激光中缓慢转动盛满水的圆柱形玻璃容器轻松演示出来）。随后，我们撇开太阳，注视一片被太阳照亮的雨云时，地面与阳光呈 42°（彩虹角）的反射光显得格外明亮。由于散射，每种颜色反射的角度存在差异，于是我们见到了一道五颜六色的光，这就是彩虹。

如图 2.6 所示,阳光在雨滴内经过一次反射后离开,形成了彩虹的主体。光线 2 表示位于 42°彩虹角时的偏转最大。

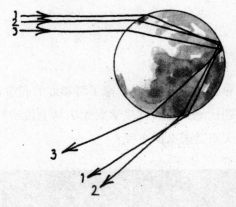

图 2.6

以上就是对彩虹本身的讨论,那么,它附近的那片明亮天空是怎么回事呢？从图中可以明显看出,还有一些小于 42°的反射光线,但是却没有大于 42°的光线。因此,彩虹内部的天空要比外部的天空明亮。

但是,这只是光线第一次反射形成的虹的情况。如果出现了角半径约为 52°的霓,情况又会怎样呢？我们知道,霓是极度偏转的光线经过再次内部反射后离开水滴而形成的。它的颜色与虹相比是顺序颠倒的,因为光线在水滴中转向了另一个方向。

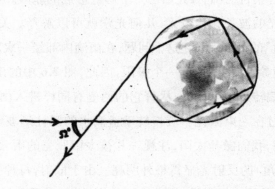

图 2.7 阳光经过两次内部反射后离开水滴,形成 52°的霓。

霓又是如何影响天空亮度的呢？这是一个有意思的问题,如果我们从穿过水滴中心的光线("碰撞参量"为零或"正面相撞")入手,便能轻松回答。经过两次内部反射后,光线继续沿其原先的轨道前进。随着碰撞参量增大,离开水滴的光线将逐渐向进入水滴的方向偏移,直至角度最大:霓的彩虹角度52°。结果,它们将无法达到两条彩虹之间的"暗区"。于是我们得出结论,彩虹内部和霓外部的天空最为明亮。这情形尽管看起来复杂,却让我们想起一支耳熟能详的歌《飞越彩虹》①,天空明亮。这里说的是"彩虹之上",而不是"其他地方"。

---

① 《飞越彩虹》是经典童话音乐片《绿野仙踪》的主题曲,该片获第12届奥斯卡最佳原创音乐和最佳歌曲奖。《绿野仙踪》在开始时是黑白片,在小女孩进入梦境后变成了彩色画面,并配上《飞越彩虹》的音乐,给许多人的童年留下了美好的回忆。——译者注

新一代灯具

传统白炽灯泡和其中的钨丝是一项伟大的技术。当我们按动开关，它能在瞬间将我们的办公室、房间和冰箱照亮。当然，这个瞬间反应很大程度归结于灯丝的低热容；但是，还有更多我们大多数人没有意识到的原因，与所有常见的金属类似，钨的电阻温度系数是正值。事实上，如果我们将灯泡的功率和电压计算获得的电阻与环境温度下直接测得的电阻相比较会发现，热钨丝的电阻要大 20 倍左右。这意味着，在我们打开灯泡开关的瞬间，初始的功率非常高，使得灯泡在极短的时间达到其工作温度。另一个好消息是，即便电压因为某种原因升高了（在过去的几十年中确实从 220 伏升高到 230 伏），电压的波动也会被增加的电阻所抵消。这阻碍了功率增加，使得灯泡能够抵御电压波动的冲击。因此，20 世纪七八十年代制造的完好灯泡在 21 世纪使用也毫无问题。

但是，哈哈！白炽灯的效率就相当差劲了，以至于欧洲议会的成员国最近干脆下决心对它颁布了禁令。他们的论点是，我们永远无法将一段发亮的钨丝作为有效的光源。一方面，根据维恩定律，发射峰值在 3000 开时波长约为 1 微米，相应的发射曲线与我们眼睛在 0.5 微米上下的狭窄感光度曲线只有很小的一部分重叠。而且，如果我们让灯泡的温度达到 3000 开以上，灯丝的寿命便受到影响。通过借助卤素蒸气将汽化的钨重新沉积在灯丝上,我们向 3700 开的熔点又靠近了一些。然而,即便我们找到了一种高熔点金属,能够加热到 6000 开(这几乎是有效的太阳温度,其发射峰值正好符合我们眼睛的敏感区域),黑体辐射曲线仍然大大超过眼睛的感光度曲线范围,大量的能量还会被浪费掉。

我们需要的是一种智能光源,有选择性地发出能被眼睛接收的光辐射,同时灯丝能逃脱注定被缓慢汽化的厄运。

于是我们转向研究气体放电,人们很久之前便发明了荧光 TL 灯,每瓦的效能达到 100 流明。不久前又发明了可折叠形状的节能灯,效能达到了 50 流明/瓦。当然,与之对应的固态照明产品,如发光二极管灯,根据不同型号具有类似的效能。这些新产品和黄金年代落后的 12 流明/瓦的白炽灯真是有得一比!

政策在我们看来不一定总是令人满意,然而在灯具的问题上,我们得承认"布鲁塞尔"①的做法是令人称道的。白炽灯虽然启动快、使用便捷,发出的光柔和持续,但是从效能角度判断,它们乏善可陈。现在,是与白炽灯泡吻别的时候了。

---

① 欧盟委员会所在地。——译者注

变幻莫测的太阳时

在一天当中的什么时刻,太阳的位置处于正南方,达到它的最高点或巅峰点呢? 这个问题的答案并不寻常。首先,它取决于我们所在时区的位置。对于靠近中欧时区最东端的柏林来说,这个时刻可能接近正午时。然而在巴黎,或许要快到下午 1 点时才行(我们忽略夏天因为夏令时白天会额外添加一小时)。

然而,即便对于一个固定的位置,太阳升至最高点的时刻在一年当中也有着惊人的变化。换句话说,一个无论怎样精准调校的日晷,都将随季节变化而出现莫测的偏差:日晷显示的太阳时几乎总是比我们的钟表显示的"平太阳时"要慢一些或快一些。这完全是由地球绕其自转轴自转,以及地球绕太阳公转的轨道决定的。

首先,我们知道,每过一天,地球的转动都需要略多于 360°才能让我们在南方再次见到太阳。原因很简单。一天里,地球在其公转轨道上转动得稍远,所以要多转一点才能让太阳出现在同一位置上(记得吗,地球绕自转轴自转和在公转轨道上绕太阳公转的运转方向都是逆时针的)。现在,如果地球按照理想姿态运转,沿一个圆形轨道绕太阳公转,而且其自转轴与其公转面垂直,那么故事就到此为止了。

然而,实际上存在着两种复杂的情况,两种情况都导致了偏差的出现。其一是地球的椭圆形轨道。事实上,地球在 1 月初与太阳之间的距离比 7

月初时与太阳的距离近 3%。因此,依据开普勒定律,为了让太阳再次回到南方,地球在 1 月的运行路程要比 7 月稍长一些。结果就是,太阳时与我们的钟表时之间逐渐出现了偏差。在一年的时间周期内,我们发现这个"偏心率效应"显示出类似于正弦函数的行为。

还有另一种复杂而且更重要的情况。出现的原因是,地球的自转轴并不垂直于其公转的轨道面,而是存在着 23.5° 的倾斜角。这就是地球上出现四季的原因。为了理解这个"倾斜效应"我们必须要明白,导致时间偏差的本因是太阳一年中相对于背景星空所做的水平方向的运动变化。在夏天和冬天的正中间点,太阳分别位于一年中的最高点和最低点,太阳的运动完全在水平方向上,因此对时间的影响非常大。相比之下,在春天和秋天,太阳的运行轨道中含有垂直分量,尽管这个因素在这里并不相关,但它使得水平分量在这几个季节中的影响变小,对时间的影响也减弱了。这使正弦样离差增大,形成半年为一个周期。

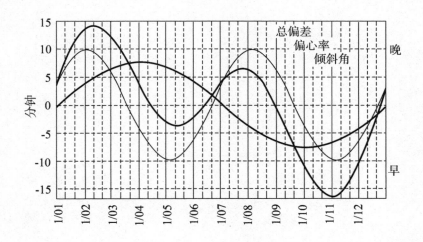

图 2.8　太阳时与平太阳时之间的差异,以及两个隐含因素各自导致的影响

如图 2.8 所示显示了这两种因素产生的作用。"单频和双频"曲线叠加的结果就造成了太阳正午与平太阳正午的总偏差。我们看到,2 月 11 日前

后,太阳时比平均时间晚了大约 15 分钟,而到了 11 月 3 日又早了大约 15 分钟。

　　这么说来,我们前院里的日晷也许是个迷人的玩意,但是要读懂它却需要一位科学家。

第三部分

无处不在的力

健康骑行

你是否考虑过一个人从 A 点移动至 B 点的最有效方式？不靠乘车或坐飞机，而仅仅使用我们的肌肉。不靠燃油,而靠食物。

许多物理学家会立刻喊出来:自行车!骑自行车!因为我们都能从经验中获知,花同样的力气,利用车轮会比我们用脚走快 5 倍。

但是骑自行车的有效性到底如何？首先,我们得检视一下人体发动机。我们产生的能量很容易以爬楼梯来估算。如果我们以基本持续的动作来估计,那么比较合理的假设是每秒一个台阶。假设台阶高 15 厘米,人体的质量为 70 千克,那么将产生约 100 瓦的功率。登山者们会发现,设定这样一个垂直速度很现实,能让我们在一小时内升高 500 米,这是相当艰苦的运动。

骑自行车就像爬楼梯,同样的肌肉,同样的速度。换句话说就是,我们用 100 瓦功率的人力来蹬自行车。但这不是全部。我们的肌肉要参与进来发挥作用了。对于这种类型的活动,肌肉的效率并不算差(比其他运动如举重强很多），或许可以达到 25%。因此，骑车的总能量消耗大约 400 瓦。

关于总运输效率，我们能得出什么结论呢？和其他交通工具相比如何？现在可以做一个粗略的计算了。如果我们用消耗石油的方式每天提供 400 瓦的连续能量，鉴于大多数类型的石油和汽油的燃烧热约是 35 兆焦/升，我们每天都需要几乎整整 1 升油。换句话说，为了便于讨论，我们一直持续骑行了 24 小时，相当于我们消耗 1 升汽油获得的能量。这些能量够我们骑多远？当然，这取决于自行车的类型、骑手的身材和其他参数。如果我们将时速合理地估算为 20 千米/小时，那么 24 小时能骑行 480 千米。也就是说，骑手平均每骑行 500 千米消耗 1 升汽油获得的能量。

和汽车或摩托车相比，这数据不算差。那么，如果我们想节约能源，是否都应该骑自行车呢？注意，这里有圈套。我们得以行动的能量是食物提供的，而不是汽油或石油。但最终将食物摆上餐桌，还需要消耗更多的能量，这可能比食物本身包含的能量还要多。比如，生产一瓶牛奶大约需要耗费 0.1 升油，而 1 千克奶酪甚至要消耗 1 升油。因为需要为母牛挤奶，牛奶需要冷藏、运输、加热、装瓶、再次冷藏、再次运输等。奶酪、肉类等也一样（消耗甚至更大）。

结论就是，骑自行车是有趣的活动，它很健康，并帮助我们保持良好的体型。而且，如果我们瘦了下来，还节约了能源。另外——尽管我不想承认——一辆轻型摩托，不必开得太快就可能彻底击败它。

拖后腿的阻力

无论骑自行车还是开车,即使在一条平坦的路上,我们都要克服阻力;这是众所周知的。但具体细节,就没这么简单了。两类阻力的两个元素——滚动阻力和拖曳阻力都值得研究一番。首先让我们回忆一下产生滚动阻力的主要原因。在上了油并状态良好的条件下,滚珠轴承里不会产生摩擦。阻力是由轮胎压过路面变形产生的。在某种程度上,这可能令人惊讶,因为变形看起来是弹性的,而不是永久的。但是这里有一点:压缩力并不是由橡胶的膨胀补偿(如果你愿意讨论,还有一定的滞后性)。所做的净功表现为热。

什么?
书上说能开到
200千米/小时,
你就开到200吗?

据合理估计,对应的滚动阻力是不依赖于速度的(下面的研究中速度因素将会起明显作用)。滚动阻力和车重成正比,因此写成 $F_滚 = C_r mg$,其中 C_r 是近似系数。现在我们可以对 C_r 的值做出一个有根据的推测。它可能是 0.1 吗?不可能,因为这意味着要有一个 10% 的斜率让我们的车发生移动。我们从经验得知,1% 的斜率可能是一个更好的猜测。正确!大多数轮胎充气压力的建议标准值是 $C_r = 0.01$。顺便提一句,对于自行车轮胎,因为压力比汽车大约高一倍左右,C_r 可以降低至 0.005。

结论就是,对于 1 吨(1000 千克)重的汽车,滚动阻力约为 100 牛顿。

那么,拖曳阻力是怎样的呢?在涉及雷诺数($Re \approx 10^6$)的情况下,不需要考虑斯托克斯效应中与速度 v 的线性相关。

相反,我们应该能预料到阻力 F_D 与 $1/2 \, \rho v^2$ 成正比(ρ 是空气密度),正像伯努利定理所阐述的一样。一辆车的迎风面积为 A,其阻力可以写成 $F_D = C_D \cdot A \cdot 1/2 \, \rho v^2$。现在,$C_D$ 是速度的一个复杂的函数,但是对于相关的速度范围,我们可以采用 C_D 为常数。对于大多数车辆而言,这个值在 0.3—0.4 之间。

如图 3.1 所示,一辆中等型号的、1 吨重的汽车所受的总阻力 $F_\text{总}$(C_r 为 0.01,C_D 为 0.4,迎风面积 A 为 2 平方米)。

我们会发现一个有趣的现象,从纵轴可以直接读出能量的消耗值。由于 1 牛也就是 1 焦/米,我们发现这辆车速度在 100 千米/小时的情况下大约消耗能量 500 千焦/千米。假设发动机效率为 20%,就相当于每百千米大约耗费 7 升汽油。该图表明,速度增加,燃料消耗量在急剧增加。幸运的是,情况并没有那么糟,由于发动机的效率升高,会部分补偿增加的消耗量。

发动机功率 P 的大小如何呢?因为 $P = F \cdot v$,所以当汽车速度为 100 千米/小时时的功率大约是 15 千瓦。这是一个中等数值。但请注意,在拖曳阻力占主导的高速状态,功率的增加几乎是速度 v 的三次方!我们要想以 200 千米/小时的速度行驶,发动机得提供速度 100 千米/小时时 8 倍的功率,即 120 千瓦。我觉得这就不再是一个合理的做法了,我确定警察也会这样想……

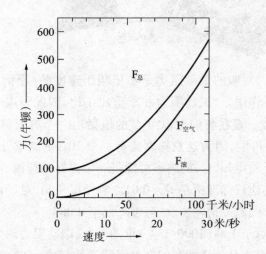

图 3.1　一辆 1 吨重的车所受的滚动阻力、空气阻力(拖曳)和它们的总和

在风中骑行

当我们骑自行车时,有风往往不是件好事。首先,当往返骑行时,它会降低我们的平均速度。原因显而易见,逆风时花费的时间比顺风时多。

现在,假设有一阵侧风,正好从与我们的前进方向成直角的方向吹过来,会怎样呢?有人可能会认为,这可能不会阻碍骑手。这是错误的,侧风会增加阻力。这是为什么呢?阻力的产生难道不因为有运动方向上的力吗?

让我们分析一下相关的力。这里的关键是,骑手所受的空气阻力与相对空气速度的平方(v^2)成正比(与汽车情况相同,参见《拖后腿的阻力》一篇)。与速度平方的相关性破坏了我们的直觉感受,这从矢量图上很容易看到。如图3.2所示,一个骑手"北上"时遇到的情况。

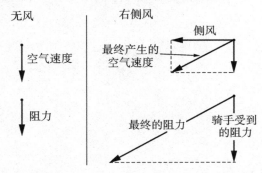

图3.2　在无风和有右侧风的情况下,骑手感受到的空气速度和阻力

这幅图说明了一切。在无风的情况下,骑手感觉空气速度与他自身速度相等,并且感受到一定的阻力,我们可以称之为 D。当强侧风从东面吹来时,由此产生的相对空气速度大幅度增加,阻力也随之增大。在这种情况下(风从右侧 60° 方向吹来),空气速度是骑手速度的两倍。因此,产生的阻力是 4D。所以,在运动方向上的分力是 2D,或者是无风情况下的两倍。

为了从风中获益,就得让它从后方轻轻地吹来。当然,达到受力平衡的角度依赖于相对于骑手的风速。在我们这个例子中,它们的比率是 $\sqrt{3}$,荷兰代尔夫特理工大学的图恩斯坦通过计算发现,达到受力平衡时的角度是 104.5°,而一阵与骑行方向成 90° 的侧风则会阻碍骑手的速度。

不过,实际情况还要更糟,此时,决定阻力大小的相关迎风面积也急剧增加了。从前面看骑手不再保持流线型姿态,而是与他的自行车之间形成了一个 $\sin\alpha$ 的夹角。在本例中 α 为 60°,这几乎是骑手和他的车的侧视图。在这种情况下,低头弯腰的姿势帮助也不大。

显然,在风暴中骑自行车真是勇敢。这不但是很好的锻炼,还产生了一些有趣的物理学现象。

躺着骑自行车速度更快吗

我们知道,在一条水平公路上行进的自行车选手要克服两个力(参见《拖后腿的阻力》一篇)。一个力是滚动阻力, 它和总重量成正比($C_r mg$);另一个是空气阻力,它与迎风面积、空气密度和速度的平方成正比($C_D \cdot A \cdot 1/2 \rho v^2$)。对一辆正常骑行的时

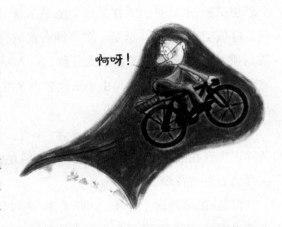

啊呀!

速约为 15 千米/小时的自行车来说,这两个力是基本相等的。鉴于与速度平方的关系,空气阻力是限制车速纪录的主要障碍。如果你想前进得快一些,就要摆脱这个阻力。

将阻力降至最小的一个办法是使用超级流线型的卧式自行车——HPV'S,即人力驱动的车辆。它的主要优点是阻力系数减少至 0.1,这比普通自行车的正常阻力系数值低了一个数量级。因此,自 1980 年代以来,速度超过 90 千米/小时在有经验的骑手看来是小菜一碟。事实上,在美国全国范围自行车限速 88 千米/小时的时代,一些骑手从加利福尼亚洲高速公路巡逻队那里领到了"荣誉超速罚单"。1998 年,加拿大人惠廷厄姆第一次创造了 130 千米/小时的超速里程碑。

对于真正的速度魔鬼,这个成绩还不够优异。为什么不尝试一下跟在一辆尾部装有一大块垂直板的汽车后面骑(这是一种被称为摩托领骑的技巧),从而彻底消除阻力呢?这正是 1995 年来自马斯特里赫特的荷兰人罗

姆佩尔伯格在美国犹他州的邦纳维尔盐沼上所完成的挑战。他骑着一辆特别设计的自行车(但不是人力驱动的车辆),跟在一辆动力十足的汽车后面,达到了令人叹为观止的 268 千米/小时。果然,这使他成为了有史以来最快的骑手。

现在让我们在这个成绩的基础上再进一步,减少滚动阻力。让我们做个思想试验,来计算一下在月球上能骑多快。一个车手比较合理的输入数据是峰值功率 750 瓦(这是一个训练有素的骑手在地球上能短暂达到的数值),质量 $m = 100$ 千克(包括太空服),$C_r = 0.0045$(自行车的典型值),以及重力加速度 $g = 1.62 \text{m/s}^2$。由于滚动阻力是唯一需要克服的力,我们要做的只是解方程式 $C_r mgv = 750$ 瓦。

由此计算出的速度是 3700 千米/小时。那真是快啊,相当于超过室温条件下声音在陆地上传播速度的 3 倍。但是由于没有空气,我们不必担心在月亮上发生音爆。

但是,想超越这个速度(3700 千米/小时),对这些未来月球上的骑手们来说很困难,因为这已经是近一半的月球逃逸速度[1]了……

————————————

[1]　在星球表面竖直向上射出一物体,若初速度小于该星球的逃逸速度,该物体将在上升一段距离之后,因星球引力而最终下落。若初速度刚好达到能脱离星球引力的逃逸速度,该物体就能飞出该星球。月球的逃逸速度为 2.4 千米/秒。——译者注

瑶池之水

　　大雨滴比小雨滴的下落速度快,这在任何物理学家看来都是显而易见的。但是让我们计算得再精确一些。末速度是在雨滴的重量和它所受的空气阻力之间达到平衡时产生的。一滴水在大气中下落时受到的阻力到底是怎样的呢? 这里我们不得不区分两种情况。

　　如果液滴真的很小,像云滴(如果你愿意,叫它们雾粒也行),雷诺数太小,以至于要应用斯托克斯公式:空气阻力是与黏性、半径和速度成正比的,即 $F = 6\pi\eta Rv$。例如,一种典型的半径为 0.01 毫米的云滴,其末速度约为 1 厘米/秒,这个速度确实非常小。但它的速度会随着体积的增大而快速提高:因为它的重量与半径的三次方(R^3)成正比,而阻力只与半径的一次方(R)成正比,对这些雨滴来说,末速度是随着 R^2 而增加的。根据工具书(例如普朗特的《流体力学概论》)所述,这个原则适用于直径小于约 0.1 毫米的液滴。

　　对于普通的雨滴,当其直径从约 1 毫米开始增大时,湍流的影响就开始占据主导地位。重量与阻力平衡 $F_D = C_D \pi R^2 \cdot 1/2 \, \rho v^2$,其中 πR^2 是迎风面积,C_D 是阻力系数,是球体的相关雷诺数,大小约为 0.5,ρ 是空气密度。对于一滴直径为 1 毫米的雨滴,末速度为 16 千米/小时。注意,在这种情况下,速度和直径的平方根成正比。因此,一个 3 毫米的雨滴时速可达到 28 千米/小时。以此类推,我们可以预估最大的雨滴——比如直径 5 毫米的雨滴——下落的末速度可达到 35 千米/小时。

但这是错的。一个世纪前,德国物理学家莱纳德就已经注意到一些有趣的现象。他通过采用立式风洞来平衡液滴下落的速度,发现直径大于 3 毫米的液滴出现了变形,形状类似一个小煎饼,并形成了平坦的底部。因此,它们的迎风面积要大于那些具有相同质量的球形液滴。最终由于阻力增加,末速度很难再进一步上升,因此直径四五毫米大小的雨滴只能达到 29 千米/小时的渐近速度值;而在实际情况中,3 毫米大小的液滴就已经可以达到这个速度了。

那么,直径超过 5 毫米的液滴情况如何呢?当直径达到 5.5 毫米左右时,阻力会变得极大,以致表面张力无法把液滴聚拢在一起,结果它会破碎。因此,对雨滴而言,直径超过 5 毫米大小时它们就无法存在了。

雾和雨滴

物理学家都知道,雾——或称迷雾——就是许多细小水滴的集合,至少天然形成的雾是这样。它们与雨的区别当然在于水滴的大小。雾细小无比,小到其垂直下落的速度几乎可以忽略不计。我们知道,体积大小对于速度的惊人影响是显而易见的,对于小于 0.1 毫米的微小水滴而言,其周围的气流剖面完全是层流,因此摩擦力 F 符合斯托克斯定律:$F = 6\pi\eta Rv$,其中 η 是黏度,R 是水滴半径,v 是速度。因为摩擦力与重量平衡,重量与半径 R 的三次

8 米

方成正比,我们可以得出,速度与 R 的平方成正比。这意味着,小水滴的下落速度非常慢。以直径为 2 微米的水滴为例,2 微米远远大于光的波长,因此是可见的。我们发现,它在空气中下落的速度大约为 0.1 毫米/秒。这个速度一点说不上快,连最轻柔的微风或气流都能抵消这样的低速。

但等一等,我们真的需要气流才能把这样细小的水滴托在空气中吗?热运动不是足够阻止它们下落了吗? 它们在空气中的运动会不会像普通分子一样,其高度分布遵守玻尔兹曼定律吗? 我们可以简单检验一下情况是不是这样。我们知道,根据玻尔兹曼定律,分子在高度 h 上的分布随 e 的指数函数 $(-mgh/kT)$ 减小。在正常大气条件下,在约 8000 米的高空,分布值达到 $1/e$。显然,对于比氮气和氧气分子重得多的微粒,我们必须要考虑离地面较近的分布情况。对于大气中水滴的情况,我们将此高度减小至 1/1000,取 $1/e$ 值为 8 米。这个情况下,一个水滴的质量必须是一个氮气分子

或氧气分子的1000倍，即它必须包含约1500个水分子。这更像一个分子团而不像一滴水，其直径可以按照液体中小分子或原子"尺寸"为0.3纳米的常规估算法来确定。对于水来说，如果我们把对象设定为1升水，使用阿伏伽德罗常量，就能进行更简便的计算。不错，我们发现两个相邻水分子的中心间距恰好就是0.3纳米。由此得出，这个水分子团的直径是5纳米。这个数字真的很小，比光的波长小得多。所以，我们是看不见这些水分子团的，但是它们的确能有效地散射光线。

结论是什么呢？小于5纳米的微型水滴将会永久地停驻在空气中，即便在完全静态的空气条件下，它们也将形成一片永远落不到地面的完美的雾。假如我们走入或者骑车穿过这样的一片雾，我们的身体前面会被打湿，而头上却不会有多少水。

不过，这些微小的水滴是存在不了多久的。它们总是不可避免地相互碰撞，形成更大的水滴，虽然缓慢但是注定要落下来。等到我们能够分辨出单颗雨滴时，我们肯定已经漫步在雨中了。

飞机为何会飞

飞机的机翼是怎么工作的？任何一位物理学家往往都会在伯努利定理的基础上给出通俗的解释:机翼的横截面上部是弯曲的,相比之下底部较平。空气碰撞到机翼前方——即"前缘"时,被分为两股气流,它们在机翼后部——即"后缘"再次相遇。因为上表面的距离较长,空气流过上表面时的速度一定较快。根据伯努利定理,较快的气流速度意味着空气压强较低,因此会出现一个作用于机翼上的向上的力。

一切听起来简单而富有逻辑,但却是错的。我们知道它一定是错的。如果这种解释正确,那么飞机究竟为何能上下颠倒着飞行呢?

那么,到底是什么在机翼上产生了升力呢?我们需要的是,在空气流过机翼剖面的时候,气流向下偏转。根据剑桥大学巴宾斯基于 2003 年做出的精妙阐述,流线曲率才是关键。试想有一条帆船,先不去管桅杆。帆可以被看作一个竖直的机翼,它完美地推进帆船前行,但是它的形状却与传统的机翼大相径庭。帆的两面不存在距离的长短差,因此伯努利用路程长短差异而做出的解释是无法成立的。然而,帆的效率很高,原因只是它在气流中产生了曲率。如果这就是问题的答案,我们就可以发现,在气流曲率与垂直于流线的压力梯度之间有着简单的关联:$\mathrm{d}p/\mathrm{d}n = \rho v^2/R$,其中坐标 n 是流线的法向坐标,ρ 是空气密度,v 是速度,R 是曲率的半径。在朝向曲率中心的方向上,压力逐渐减小,于是在帆的凸起一面,压力减小,在帆的中空一面,压力增加。

　　确实,类似船帆的薄曲面机翼能产生理想的流线曲率。鸟儿的翅膀就是这样的情况。对于飞行器来说,这却不是最优的选择:薄薄的曲面机翼无法满足结构要求,而且也没有足够的容积,不利于储存燃油。幸好,通过曲率形成的任何形状的气流剖面都能产生升力,哪怕是对称的机翼。我们要做的只是恰当地选择一个"迎角"而已:如果机翼微微向上倾斜,它的上表面便能形成一个与薄曲面机翼功能类似的流线曲率,产生尽可能大的升力。机翼的下表面是曲率不同的传感区域,形成近似零的净效果。

　　所以,对称的机翼的升力大小——无论正负——完全是在一定限度内调整迎角大小的结果。因此,上下颠倒地飞行便轻而易举了。当然了,要看你想不想这样飞。

气泡和气球

　　当我们在孩童时代吹肥皂泡的时候，我们可能只顾着欣赏它们缤纷的色彩，没有意识到这里有好玩的物理学道理。一方面，气泡存在的事实本身说明了表面张力的概念，因为气泡内部略微过强的压力必须与气泡"壁"中的引力平衡。其次，在吹肥皂泡的过程中，我们认识到，当容积一定时，球形的表面积最小。

　　吹起一只橡胶气球蕴含着更多有趣的物理学内容。因为吹气球需要很大的力，其中一些较容易地观察到。我们都体验过，吹气球的最初阶段是最困难的。等吹到一定大小后，便轻松多了，因为需要的压力减小了。这很有意思，因为谁都知道，当你拉长一段橡胶时，需要的力是随长度而增加的。

　　为了充分理解气球的行为，我们需要多了解一点橡胶的弹性。在这一点上，橡胶恰好与同样具有延展性的普通材料的一般属性明显不同，正如胡克定律所描述的：物体的形变量（长度的相对变化）与引起形变的外力成正比。对于橡胶，情况却截然不同。如果我们拉长一段橡胶带，你会发现，最初有一个符合胡克定律的应力增长阶段，然后在形变 50%—200% 之间有一段相对平坦的平台期。这段时间里，应力保持不变。但是当形变达到 400%——原长度的 4 倍时——应力急剧上升，因为组成橡胶的大分子得到了充分延展。

现在,再回来看气球。在平台期,为了便于讨论而假定表面张力 τ(每单位长度的力)是不变的,就像肥皂泡泡一样。现在,如果我们试想一个球形气球由两个假想的半球构成,把这两个半球之间的受力平衡情况写下来($\pi R^2 P = 2\pi R\tau$,P 是气球内部的超压力),就会发现,让气球持续鼓起来所需要的压力与半径 R 成反比。这定性地解释了一个事实,即气球膨胀到一定大小后,继续吹大就变得容易了。

这可以做一个公开展示的实验来让观众开心一笑。拿两个气球,把其中一个吹到最大体积的 1/3,另一个吹到 2/3。把两只气球用一支细管相连,捏紧细管的中间部分。问观众,如果松开手,让连接两只气球的细管连通,会发生什么?观众们肯定会猜测两只气球将变得一样大。毕竟,如果把两只相连的未充气的气球分开,就会发生这样的情况——它们会伸展到同样大小。

可是,观众们猜错了。那只大气球变得更大,小个气球变得更小,这显示了力与压强的差异。

当我们吹起长条香肠形状的气球时,橡胶表现出的特别行为也反映了它的有趣特性。我们发现,这两个"阶段"在单一压力条件下同时存在。但这里的物理解释要复杂一些,不像吹肥皂泡那么简单。

勇敢的鸭子

　　你还记得第一次打破声障有多难吗？数名勇敢的飞行员为此付出了生命的代价，直到耶格尔于 1947 年 10 月 14 日终于以超越声速的速度飞行。问题是，在飞行器接近声速时，声波的波峰在飞机的前面叠加起来。飞机为了超过声波，不得不在这道压缩的空气屏障中推进。当飞机的速度超过声波时，一个有趣的情景出现了，飞机类似于一颗以超声速飞行的子弹。产生的声波前端有一个封闭的环形圆锥体，叫做"马赫锥"。很容易看出，锥形顶角的半角 θ 与声速 c 和飞机的速度 v 的关系是 $\sin\theta = c/v$。因为马赫锥之外没有声波，所以在我们真正听到飞机的声音之前，它已经飞过我们的头顶了。

　　声波与水波在很多方面是类似的。例如，鸭子在一个深深的水塘里游动。看到游动的鸭子身后留下的 V 形水波纹了吗？它看起来像不像鸭子在奋力推开面前水中"波的屏障"，从而产生一个马赫锥的二维造型？多勇敢的鸭子啊！

　　这个想法固然有吸引人之处，可它却是错误的。我们可能观察到的那个二维"马赫锥"实际上是有两套分散的羽毛状波形图组成的。

尽管水波和声波有相似之处,但它们之间有着本质区别。声波在空气中传播的速度是固定的,没有色散。相速度 c 对于所有波长来说都是相同的,且等于群速度。对于超声速飞行来说,这导出了前文提到的"马赫角"的简单表述。

水波的情况要复杂得多。它们在两种介质的交界处传播,并受到重力的影响。让我们看看深水极限的情况,这与鸭子在水中、船只在海上遇到的阻力相似。与空气中的声波不同,V 形水波的相速度取决于波长,长波的传播速度比短波快。它们遵循色散定律 $v = \sqrt{(g/k)}$,其中 g 是重力加速度,k 是波数 $2\pi/\lambda$。换言之,水波的速度与它们的波长的平方根成正比。无论鸭子或船只以何种速度行进,都会有水波以相同的速度齐头并进。而在超声速飞行的情况下,所有的波都是被飞机超越的。

深水中的鸭子和船只身后水波的复杂现象首先被开尔文勋爵(即威廉·汤姆孙)发现,因此常被称为"开尔文波形"或"开尔文船波"。开尔文第一个发现,水波的样式其实是两条与船只前进的方向成固定 19.5°夹角的直线。这个角度听起来很难处理,它是从一串冗长的推导中得出的。假如我们把它用精确的形式书写出来就简洁多了,即 arcsin(1/3)。同样,1/3 是根据上文提到的相速度为群速度的两倍的事实而得出的。但是,重要的是,这个奇怪的角度对于这一类波都是相同的并且是特定的,与速度毫无关系。

这对鸭子来说可是个坏消息,要想制造出 V 形开尔文波形,它完全不需要勇往直前地游,更用不着超"声速"。

一身泥泞的骑手

在不太晴朗的日子观看环法或环意自行车赛时，我们面临着一个简单的物理学难题。在潮湿的公路上骑行的赛手们的后背上为什么会点缀着一道道竖直的泥水印呢？显然，这是轮胎卷起公路上的泥水所致。离心力将泥水从轮胎上方的某一处甩离，向前的速度将它甩向可怜的骑手背上。然而，为什么水会在最高点附近被甩离

轮胎呢？对车轮运动情况做粗浅分析我们就能找到证据。车轮边缘上的任意一点都能勾勒出一条摆线，其速度在零和两倍于自行车速度的范围内变化。这样说来，答案是不是很简单：因为轮胎最高点的速度最大，那么离心力也在最高点最大吗？

这个解释尽管听起来合情合理，却不完全符合事实。可以肯定的是，离心力在起作用，但是在一定速度下，车轮边缘所有点上离心力的大小是相同的。事实上，叠加在车轮转动上的直线运动与此没有关系。

当我们把重力考虑在内时会发现，事实与此恰好相反。重力会使水滴在距离路面较近的位置更早下落，而在接近最高点时使水滴附着在轮胎上。我们必然得出这样的结论，即骑手的后背被打湿，并不是因为相关的那段轮胎接近最高点，而应当说，尽管那段轮胎接近了最高点，骑手的后背仍旧被打湿了。

随之而来的问题是，骑手以怎样的速度前进，后背就会溅上泥水呢？

我们应当明白,那些从最高点准确飞离轮胎的泥水是无辜的。它们会沿水平方向飞行,从车座下面飞过,永远不会溅到骑手的后背上。真正的闯祸者是那些较早脱离轮胎,在达到最高点之前以45°角或是60°角方向飞出的泥水。

现在事情变得愈加复杂了,因为骑手相对于车轮的确切位置之类的参数要起作用了。况且,仅仅让离心力和重力保持平衡是不够的。从轮胎边缘飞离的水滴需要额外的速度向上方飞出,以便抵达骑手的后背。

代尔夫特理工大学的图恩斯坦根据一般骑手的情况进行了计算,忽略了水滴所受的阻力。计算结果显示,最有可能飞溅在骑手后背的水滴,实际上很早就飞离了轮胎,早到距最高点之前60°的位置就脱离了轮胎。骑手的速度一超过12千米/小时,这些水滴便会溅到他们的后背上。假设骑手骑的是标准尺寸的自行车,情况就是上述这样,原因在于车轮直径这一关键性因素。如果骑手以某一速度 v 前进,则当离心力和重力之间达到平衡时,有 $v^2/R=g$。这表明轮子越小,情况越糟糕。

因此,假如你碰巧穿一身商务套装,骑一辆折叠自行车,赶赴一场重要会议,你最好在这辆车的后轮上方安装一块有效的挡泥板。

没有前途的飞艇

当我们想着怎样以高能效的方式旅行时，为什么不能发挥想象，试着建造一艘零阻力的飞行器呢？事实上，我们根本不用再发明什么，它已经存在了。这就是以其发明者——德国人齐柏林伯爵的名字命名的飞艇，或称齐柏林飞艇。与飞机相比，它不需要高速飞行以停留在空中，也不像汽车那样需要克服那令人生厌的滚动阻力。因此，从能源角度讲，这是一种理想的交通方式。

真是这样吗？如果我们只想让齐柏林飞艇在一个固定的点上飘浮，刚才所说的情况可能都成立。但是，一旦开始移动，它的效能又如何呢？

我们可以简单地做一个估算，只要算出飞艇的空气阻力即可。记住，这个阻力（以牛为单位）与每单位距离消耗的能量（焦/米或千焦/千米）相等。为使计算简便一些，让我们将飞艇与汽车做一比较。这个比较是公平的，与在高空飞行的飞机相比，汽车在有环境阻力的空气中穿行，与齐柏林飞艇一样。毕竟，齐柏林飞艇只能在低空中飞行，因为根据阿基米德定律，它们在稀薄的空气中无法获得很大的升力。

如果我们设想汽车时速至少为 100 千米（想象一下齐柏林飞艇逆风飞行！），这时，其滚动阻力可以忽略，因为在这样的高速下，滚动阻力只起到很小的作用。

那么，让我们来研究空气阻力或拖曳阻力。我们也许还记得，阻力用 $F = C_D A (1/2 \ \rho v^2)$ 来表示，其中 C_D 是阻力系数，A 是锋面面积，ρ 是空气密度，v 是速度。为了公平起见，在两种情况下的 A 都应取乘客人均值。对于汽车来说，这个值约为 0.5 平方米。对于齐柏林飞艇来说，我们可以取 1937 年试图在美国新泽西州降落，从而创造历史纪录的"兴登堡号"飞艇的尺寸。它的直径是 41 米，能搭载约 100 名乘客。这相当于乘客人均的锋面面积是 13 平方米。显然，飞艇无法与汽车相竞争。即便我们考虑到了雪茄形状的齐柏林飞艇的 C_D 值可能仅是一辆汽车的 1/3（如 0.1∶0.3），飞艇还是要输掉一个数量级。

我们可以使用"兴登堡号"的技术数据来检测刚才的估算是否正确。"兴登堡号"的最高时速是 135 千米，其发动机的总功率 P 为 3560 千瓦。如果我们按 $P = FV$ 来计算，就会发现汽车赢出它 7 倍到 8 倍。

如果我们记得一艘满载的飞机的燃料效能约是一辆满载汽车的一半，我们仍然就得出结论，飞机要比齐柏林飞艇优越一大截，尽管它的速度高得多。

得出这样的结果可能令人惊讶，但原因是显而易见的。首先，飞艇的体积庞大，造成空气阻力巨大。其次，它所穿行的空气密度比飞机在巡航高度上穿行的空气密度大 4 倍。

结论在所难免。即使燃料价格一路飙升，飞艇也是没有前途的，除非我们真的想不急不忙地来一次慢飞。

责任编辑　刘丽曼

装帧设计　杨　静

"让你大吃一惊的科学"系列丛书

为什么洗澡时唱歌声音更好听
　　——40个怪诞有趣的物理学问题

【荷】乔·赫尔曼斯(Jo Hermans)　著

【法】威布克·德伦克哈恩(Wiebke Drenckhan)　图

朱方　刘舒　译

出版发行　**上海科技教育出版社有限公司**
　　　　　　（上海市闵行区号景路159弄A座8楼　邮政编码201101）

网　　址　www.sste.com　www.ewen.co

经　　销　全国新华书店

印　　刷　天津旭丰源印刷有限公司

开　　本　720×1000　1/16

字　　数　94 500

印　　张　6.75

版　　次　2015年8月第1版

印　　次　2022年6月第2次印刷

书　　号　ISBN 978-7-5428-6293-8/N·953

图　　字　09-2014-383号

定　　价　28.00元